JN174395

拡張するテレビ

広告と動画とコンテンツビジネスの未来

境治 著

拡張するテレビ

広告と動画とコンテンツビジネスの未来

序章

テレビは拡張している

テレビという言葉の意味が広がっている

最初に気付いたのは、ある若者と話していた時だった。彼はテレビを持っていないという。それ自体は今やよくあることで驚きもしない。ただ彼が所属するのは、テレビと連携して新しいビジネスを開拓する会社だったので、面白半分に軽く咎(とが)めた。


「へー、じゃあテレビ見てないんだ。それはいかんねえ」

「いや、テレビ好きです」

「でもテレビ持ってないんでしょ？」

「テレビ見てます！『アメトーーク！』全部見てます！」


と言って彼は私にスマートフォンを差し出した。テレビといって差し出したのがスマートフォンだったことに、ちょっとしたカルチャーショックを受けた。

もちろん彼は、おそらくYouTubeにアップされたものを見ているのだ。きっと人気バラエティトーク番組である『アメトーーク！』のどの回も、探せば丸々見ることができるのだろう。それは違法アップロードだからね、などと注意するより、彼があっけらかんと、テレビ見ていますと言いながらスマートフォンを差し出したことが面白いと思った。

テレビ論を語る際によく、テレビという言葉のあいまいさについて言われる。テレビとは番組のこともテレビ局のことも受像機のこともいっしょくたにした言葉だった。〝三位一体〟と呼ぶ人もいるが、これまでは多少あいまいでもよかった。なぜなら、テレビ局が電波によってテレビ番組をテレビ受像機に送り届ける、そのシステムで統一されていたからだ。だが今は、テレビ番組を通信経由で、スマートフォンで視聴できる。先の若者にとってはそれも〝テレビ〟なのだ。もはや〝三位一体〟は崩れつつある。

また一方では、VOD（Video On Demand）サービスの登場でまた話はややこしくなってきた。米国から鳴り物入りでやってきたNetflixは登場時にフジテレビと提携し、『テラスハウス』[※1]『アンダーウェア』[※2]を配信している。これをスマートフォンやタブレットで視聴できるだけでなく、テレビ受像機でも楽しむことができる。さらにこの二つの番組はフジテレビが放送もしている。こうなると、どれがテレビでどれがテレビでないのか、わからなくなってくる。

ただ『テラスハウス』は紛れもないテレビ番組であり、スマートフォンで見てもテレビで見ても、配信で見ても放送で見ても、そのことは変わらないはずだ。フジテレビで放送されているのを見る時だけがテレビ番組で、Netflixで見る時はＶＯＤコンテンツと呼ぶべきだ。そんな面倒くさいことを言う人はいないだろう。『テラスハウス』はどのデバイスでどう見ようと、〝テレビ〟なのだ。先の若者がスマートフォンでYouTubeに置かれた『アメトーーク！』を見ることを〝テレビを見る〟と言ったのと同じように。

テレビという概念が今、拡張し始めている。そのことに日本のテレビ局は長らく戸惑っていたように見える。放送されてテレビ受像機で視聴されることだけがテレビなのだとこだわり続けた。ビジネス的にその部分、テレビ番組を放送された時間どおりに見る、いわゆるリアルタイム視聴しかマネタイズできなかったので当然といえば当然だ。だがそれ以上に、これまでのテレビ局にとって〝理解を超えた〟ことが起こっていたのだとも言える。そしてリアルタイム視聴以外を取り込もうとはしてこなかった。

拡張するテレビのイメージ　　（図表①）

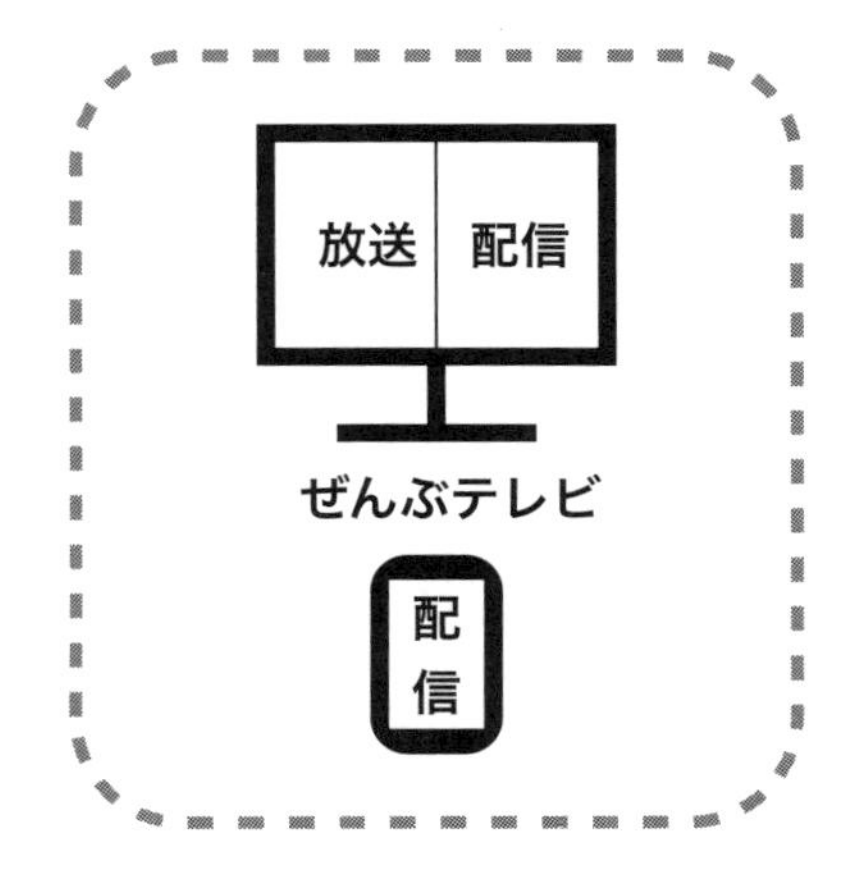

出典：著者作成

ところがここへ来てそういった態度が変化してきた。大きいのは、録画機で番組を見る行為、いわゆるタイムシフト視聴が看過できないくらい広がってきたことだろう。ドラマではリアルタイム視聴と同じくらいタイムシフト視聴されることも多い。その部分は丸々マネタイズできていないのだ。放送収入にも響いてくるとなると、対処せざるをえない。

テレビの拡張に、テレビ局自身が対応し始めている。〝拡張〟しているのだから実は、ビジネスとして伸びる可能性だってあるのだが、彼らの姿勢はやや〝仕方なく〟動いているように見える。ただとにかく、放送業界が〝次のステップ〟へ進み始めたのは興味深い現象だ。遅ればせながら日本のテレビ局も、ネットに足場をつくり始めた。

こうしたテレビの拡張は、多様な領域に影響を及ぼしそうだ。なによりまず、テレビ局のビジネスモデルに変革をもたらすだろう。リアルタイム視聴以外の部分、タイムシフトやＶＯＤ、ネットでの視聴などもテレビ局の収益につながってきそうだ。そうなると、テレビ局は〝放送局〟なのかなんなのかがわからなくなってくる。むしろテレビ局の、番組をつくる要素が高まってくるのではないか。

広告業界にも変化が出てきそうだ。テレビとネットの広告はまるで文化が違い、ビジネスルールも異なっていた。だがそこに共通の規範やビジネスルールがもたらされることになるだろう。これもお互いにとってプラスになるかもしれない。

また〝動画広告〟の領域にも影響が出てきそうだ。テレビ番組をネットで視聴するのが当たり前になると、動画広告全体の底上げが起こる可能性がある。流れてくる予算も高まってくれば、良い影響になるのかもしれない。

それだけでなく、映像業界全体にも変化を及ぼすだろう。これまで、日本のテレビ局は映画界に対してもイニシアチブを示してきた。それが必ずしもそうでもなくなり、映像制作を実際に行うクリエイターやプロダクションの側が優位になる可能性がある。

もっと大きく言えば、この国の文化全体や物事の考え方にも変化が起こるかもしれない。テレビは戦後日本の文化を一つにする役割を果たしてきた。テレビを通じて今この国でなにが起き、なにが問題になっているかを国民同士で共有することができた。誰もが共通の言語を聞き取って話すことができ、同じ物語を共有したり同じギャグで笑ったりすることもできた。そしてそれによって大量生産・大量消費の仕組みを成り立たせ、経済を動かしてきた。テレビのこれからの変化は、こうした大きなスケールでも影響をもたらすのではないだろうか。

本書では、テレビの拡張の具体を解きほぐしながら、それが引き起こす多様な影響を見ていきたい。それはつまり、この国のコミュニケーションの新しい姿を見極める作業だと思う。みなさんとご一緒に、その全貌を見ていこう。

※1
一つ屋根の下での複数の男女の共同生活に迫ったリアリティ番組（フジテレビ）。

※2
高級下着メーカーに就職した地方出身の女性が成長していく姿を描いたドラマ番組。2015年秋にNetflixとフジテレビが共同で制作するオリジナルコンテンツ第一弾として制作された。

第1章

SVOD二年目、第二幕

２０１５年、メディア界最大のトピックはＳＶＯＤ（Subscription Video On Demand）だった。いつでもどこでも映画やドラマが視聴できるＶＯＤはそれまで、一つひとつのコンテンツに３００～５００円程度を払って視聴する都度課金型（ＴＶＯＤ：Transactional Video On Demand）が主流で今一つ伸び悩んでいた。

そこにＳＶＯＤ、月々定額の料金でいくらでも見放題のサービスが、にわかに脚光を浴びた。世界を舞台に急成長中のNetflixが日本上陸を発表したのだ。その影響はネット業界、テレビ業界、映画業界、映像コンテンツ業界全体に及びかねない。本章ではそのプロセスを追いながら、さらに２０１６年の時点で二年目に入りなにが起ころうとしているかも見据えてみたい。

ＶＯＤ小史・その歴史は意外に長い

日本におけるＶＯＤの歴史はその登場からすでに10年を超える。最近登場したサービスのようで、ずいぶん前から存在していたのだ。２００５年までのＶＯＤは、多様な事業者がチャレンジしていたものの、その後大きく成長したものはほとんどない。この頃は、思い返してみるとまだまだブロードバンドが普及しておらず、映像を気軽に楽しめるほどの通信環境が整っていなかった。また肝心のコンテンツも、ネットでの配信に否定的な関係者が多く、ＶＯＤに出せない作品がほとんどだった。

唯一、成功し現在も継続しているのがバンダイチャンネルだ。これはガンダムを中心にアニメ作品を配信するサービス。自ら配信サイトを運営しながら、現在はほかのＶＯＤ事業者へアニメ作品を提供するレーベル的な側面も持っている。アニメ、特にガンダムのファン層にとってネットを介した配信は問題なく受け入れられるものだった。彼らはこの頃30代の〝オタク〟層でネット黎明期を中心になって牽引してきた。ＩＴリテラシーも

（図表１－①）

VOD小史

黎明期

・2002年 バンダイチャンネル

・2005年 YouTube, GyaO（GYAO!），
第2日テレ（日テレオンデマンド），J:COMオンデマンド

・2007年 アクトビラ

・2008年 NHKオンデマンド, フジテレビオンデマンド

・2009年 BeeTV （dマーケット→dビデオ→dTV ）

・2010年 AppleTV （2011年2月DVD と同時配信）

・2011年 hulu

・2015年 Netflix, Amazon

普及期

出典：著者作成

高いので、ＶＯＤ展開をするにはうってつけのコンテンツだったと言えるだろう。

ＶＯＤの歴史の中で２００５年は紀元元年とも言える年だ。YouTubeが登場した一方で、日本ではＧｙａＯがサービスを開始した。ＣＡＴＶ最大手のJ:COMはJ:COMオンデマンドとしてテレビのＳＴＢ（セット・トップ・ボックス）で見られるＶＯＤサービスをスタート。さらに、日本テレビが「第２日テレ」の名称でネット配信を開始。ネット向けにオリジナルの番組を制作した。これらは、今のＶＯＤにつながっている主要なサービスとなっている（ただ、第２日テレはその後、装いを変えて日テレオンデマンドへと生まれ変わった）。ＶＯＤの原型がこの２００５年にでき上がったのだ。

これらに続いて、２００７年にはアクトビラが立ち上がった。家電メーカーが共同出資して始まったＶＯＤサービスで、テレビ受像機に内蔵されている。テレビに向けたＶＯＤという意味では画期的だった。

２００８年には、フジテレビとＮＨＫがそれぞれ自社で地上波の番組を放送後に配信するサービスをスタートさせ、テレビ局がネット上で番組を本格的に配信するようになった。これに続き、在京キー局各局が放送後の番組配信を開始した。

２００９年には、ＢｅｅＴＶのブランド名でドコモの携帯電話向けに映像配信サービスがスタートした。これは、エイベックスとドコモが共同で立ち上げたサービスで、オリジナル番組を制作して配信する。フジテレビが番組を制作して提供したほか、テレビ番組の制作会社やタレント事務所がこぞって番組を制作して供給した。料金は定額制で、ドコモショップを通じて販売され、またたくまに会員数は１００万人を超えた。このＢｅｅＴＶはのちに、オリジナルだけでなく既存の映画やドラマも配信するようになりｄビデオと名称を変え、２０１５年にはさらにｄＴＶに名称を変更している。日本で映像配信を定額制でスタートし、オリジナル番組を当初から制作した点で、その後の潮流の端緒となるサービスだった。

一方、先述した２００５年スタートのＧｙａＯは、親会社ＵＳＥＮの事業再編に伴いYahoo!に売却された。ＧｙａＯから派生した定額の動画配信サービスＧｙａＯＮＥＸＴはＵ－ＮＥＸＴと名称を変え、２０１０年にＵＳＥＮ社長宇野康秀氏がＭＢＯする形でスピンオフした。Ｕ－ＮＥＸＴはその後、テレビ向けを核とした独自の道を歩み始め、

SVOD事業者の一角となった。なおGyaOはYahoo!内の無料動画サービスとしてアクセスを伸ばし、2014年に名称をGYAO!に変えている。

2010年、Appleがすでにアメリカで販売していたAppleTVを日本でも発売した。HDMIケーブルでテレビにつなげばVODが楽しめるもので、CATVに契約したりアクトビラ内蔵のテレビを買ったりしなくても、すぐにVODを利用できる点で画期的だった。この頃、日本のコンテンツホルダーはVODにあまり積極的ではなく、日本での発売当時に視聴できる作品は少なかった。だが翌2011年には映画『踊る大捜査線 THE MOVIE3』がDVD発売と同時にAppleTVで配信され、それ以降、少しずつだがDVD発売と同時にVODサービスで映画が配信されるようになった。今では、パッケージと同時に配信も行うのが当たり前になっているが、当時は英断だったと言えるだろう。

2011年には、アメリカのテレビ番組配信サービス、huluが日本でのサービスを開始した。本国では四大ネットワークのうちの三つ、ABCとNBC、FOXが共同で始めたもので、テレビ放送で見逃したドラマを広告付きで無料で見せるものだった。その延長としてhulu Plusという、定額制のサービスも展開していた。

日本に来たのは、名称はhuluだがサービスの中身としてはhulu Plus同様定額制で、アメリカのドラマを中心に映画も旧作が並び、何本見ても料金が変わらないのが新鮮だった。huluはＰＣや携帯電話でも利用できるが、プレイステーションなどゲーム機を通じてテレビでも視聴できる。AppleTVのメニューにも加わったので、Apple独自のＶＯＤと並行してhuluも楽しめるようになった。

huluは２０１４年には日本テレビに買収され、１００％のグループ会社になった。それまでアメリカの映画やドラマが中心だったのが、日本テレビそしてＴＢＳやテレビ東京も含めた日本のドラマ、バラエティも品揃えを充実させ、日米のコンテンツが定額で楽しめるサービスに生まれ変わった。

ここまで、駆け足で日本のＶＯＤの２００２年から始まる10年余の歴史を振り返った。ＶＯＤのサービスは要素が複雑なので、ここで整理をしておこう。

料金は個別課金と定額制

まず料金について。最初の頃、ＶＯＤは個別課金制だった。一つの作品を視聴するには新作なら４００〜５００円の利用料がかかり、48時間程度は何度でも視聴できる利用形態。旧作はもっと安かったり、シリーズで安く提供したりすることもあるが、単品ごとの課金がＶＯＤの基本だった。

そこに、ＢｅｅＴＶが定額制の考え方を持ち込んだ。当初はオリジナルのみだったが、その後に既存の映画やドラマもラインナップに加わり、全般的な定額制の映像配信となった。さらにhuluも日本では定額制のサービスとして知られるようになり、「何本見ても料金は月々同じ」というサービスが支持されるようになった。ただ、あくまで旧作が中心で、新作は個別課金が基本だ。とは言え、ほんの数年前のものも定額制に登場するので、ラインナップを見ても「古臭いのばかり」ということでは決してない。

ＰＣ・スマホで見るか、テレビで見るか

J:COMオンデマンドやアクトビラなどは、テレビで視聴するためにできたサービスだが、ほかのＶＯＤはほとんどＰＣもしくは、スマートフォンで視聴するべく設計されている。テレビ局のオンデマンドサービスも、基本的にはＰＣなどで楽しむものだ。ＢｅｅＴＶはその後ｄビデオになったがもちろん、ドコモの携帯端末のためのサービスだし、huluも当初はＰＣモバイル向けだった。

ただ、huluは先述のとおりゲーム機やAppleTVを使えばテレビで視聴できるし、そのほかのサービスもChromecastなどを使えばテレビで楽しめるようになってきた。さらにｄビデオは２０１５年に名称をｄＴＶと変更するとともに、ｄＴＶターミナルという専用の機器を発売して、新名称のとおりテレビでの視聴を強く打ち出している。Ｕ－ＮＥＸＴはＵＳＥＮの固定回線のセールスとのバンドルで、テレビ用のＳＴＢを通じてのサービスとして立ち上がったので、最初はテレビ向けで途中からマルチデバイスになった特殊な

存在だ。

いずれにせよ全体としては、最初はＰＣ・モバイル向けサービスとして始まったのが、少しずつテレビ対応を整え始めている、という状況だ。

日米のドラマ、旧作と新作

ＶＯＤのサービス選択は、自分が見たい作品がどこにあるのかがポイントになる。当初、映画会社はまだＤＶＤのセールスを重視しており、旧作であってもＶＯＤに作品を提供することを躊躇していた。当然、ラインナップはあまり聞いたことのないものばかりが並んでいた。だが少しずつ新作も出てくるようになり、ＤＶＤ発売から半年程度経つと配信されるようになってきた。そして先述のとおり、『踊る大捜査線』を皮切りにＤＶＤ発売と同時に配信されるようになる。

VOD サービスの分類　　　　（図表１－②）

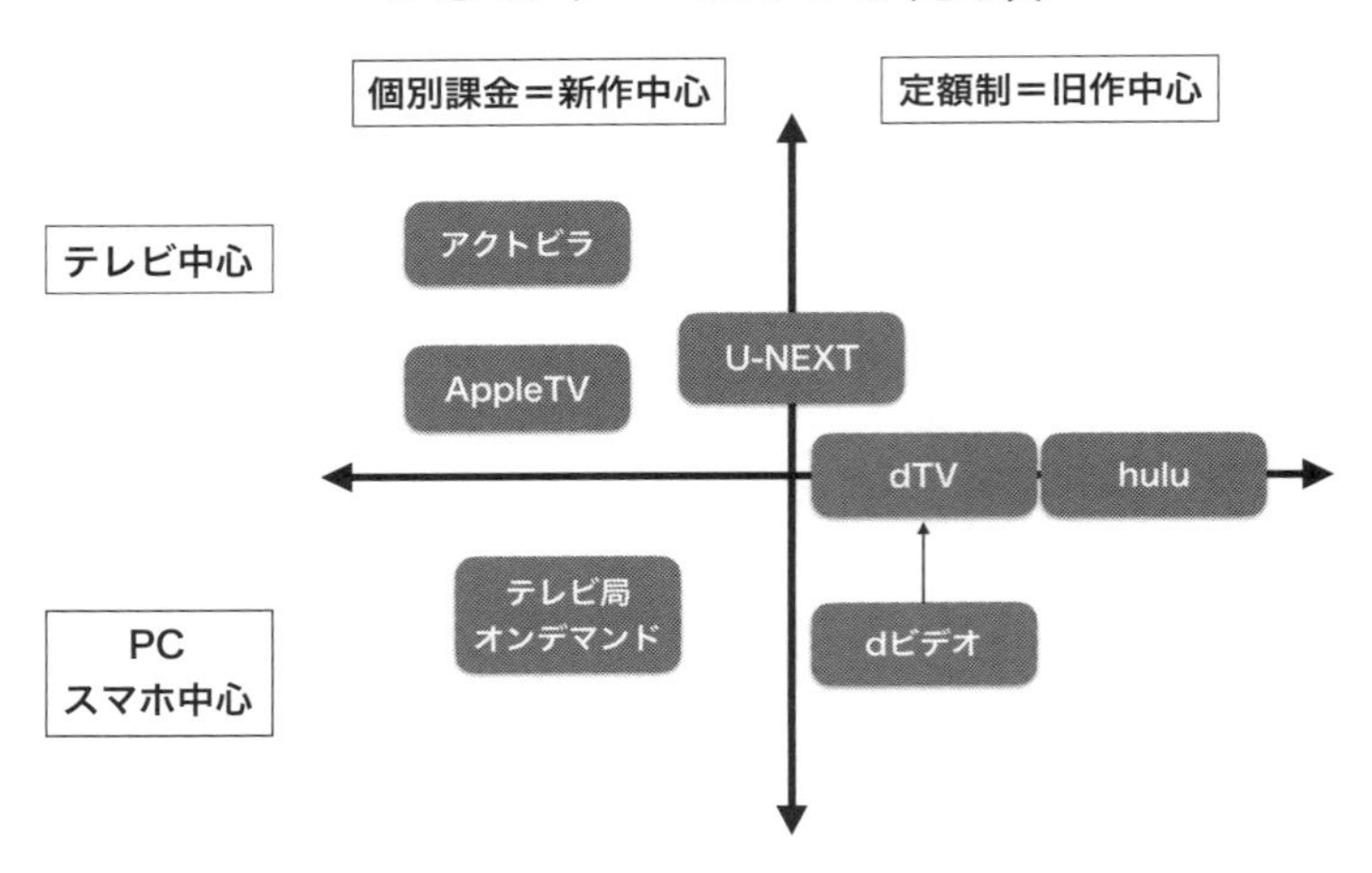

出典：著者作成

日本のテレビドラマは、逆に放送後すぐに配信されるのが普通になった。第一話、第二話を見逃した人々が、途中から見るためにVODで視聴するのだ。『家政婦のミタ』[※4]は大ヒットして視聴率が回を追うごとに上昇したが、VODでの視聴もぐんぐん増えた。そうやって放送に〝追いつく〟ために役立ったのだ。

ハリウッド制作のドラマはhuluの重要なコンテンツだった。『24－TWENTY FOUR－』[※5]など数年前に大ヒットしたドラマがまとめて視聴できるのは大きなメリットだ。ハリウッド製ドラマは制作費も巨額で映画のように見応えあるものも多い。また、放送後間もなくhuluで配信されるものもあった。『ウォーキングデッド』[※6]はhuluで配信していたのがdTVに移ったり、また戻ったりしている。人気のハリウッドドラマはVODサービスの重要なユーザー獲得策となった。特に定額制のサービスでは、何話視聴しても料金が上がるわけではないので、連続して見やすい。いつしか、ドラマこそSVODサービスのためのコンテンツとなっていった。

ＶＯＤがこれまで普及しなかった理由

ここまでで説明したとおり、意外に日本のＶＯＤは早くから多くの事業者がサービスを整えていた。だがあまり普及せず、トップのｄＴＶでさえ会員数５００万の手前で伸び悩んでいた。huluは日テレが買収して勢いがついたが１００万人がやっとだった。なぜ日本ではＶＯＤが伸びないのか。

よく言われたのが、日本は無料のテレビ放送が充実しているからで、アメリカはそもそもテレビを見ることさえ有料なので、土壌が全然違うから伸びないのだ、という説だ。映像にお金を払う文化が日本には育っていないというのだ。だが私は、それはズレた見方だと思っていた。レンタル業界はこれまで多くのユーザーを獲得しており、ＴＳＵＴＡＹＡは２０００万人以上、ＧＥＯも１６００万人の会員を擁するという。週末になると店舗にはＤＶＤを借りる人々がレジに列をなす。映像にお金を払う人々は日本にもすでに何千万人もいるのだ。

伸び悩んだ原因は、私は単純に、ユーザーへの告知不足・啓蒙不足だと思っていた。映像を放送以外で視聴するためには、かなり知識がいる。特にテレビでのＶＯＤの視聴は、ネットワークの設備と知識が必要になる。だから「一気」にとはいかないが、おのずから日本でもＶＯＤは普及すると予測していた。ただそのためにはきっかけが必要だった。そのきっかけは、例によって海の向こうからやってきた。

Netflix満を持して日本へ

アメリカでNetflixというＶＯＤサービスが急成長しているとの噂は、前々から伝わってきていた。その存在がはっきり日本でも認識されたのは、２０１３年にオリジナルのドラマを制作してからだろう。『ハウス・オブ・カード』[※7]は１００億円以上をかけて制作されたとの情報に、日本の業界は驚嘆した。しかも当時の３０００万人を超えるNetflix

ユーザーの視聴履歴を徹底分析し、元ネタとなったイギリスのドラマ『ハウス・オブ・カード』が人気であること、ケビン・スペイシーの作品がよく視聴されていること、デビッド・フィンチャーの監督作『ソーシャルネットワーク』が最後まで視聴されていることから企画されたという。そのうえこのドラマはエミー賞を受賞し、既存のテレビ局が制作したものと質の面でもまったく劣らないことが証明された。

新たな情報が伝わってくるたびに会員数が驚愕の増加を示しているのも脅威だった。半年ごとに何百万人も増えていくのだ。アメリカ以外へも次々に進出し、日本に来るのは時間の問題と思われた。

2015年2月、満を持してリリースが配信された。「NETFLIX、今年秋に日本へサービス開始」。それ以外に目新しい情報はなかったが、絶大なインパクトを持つリリースだった。各ニュースサイトで連鎖反応のように配信され、解説記事がWeb上の業界メディアに掲載された。私も、宣伝会議社のニュースサイトAdverTimesでの連載であらかじめ得ていた情報をもとに記事を発表した。

テレビのリモコンに搭載されるNetflixボタン　（図表1－③）

出典：Netflix

「今年秋、上陸決定！Netflixは黒船なのか？」あからさまに煽り気味の見出しで、私が知っていることを文章にした。ほかにも多様な情報が駆け巡ったが、最も衝撃的だったのは、東芝のテレビの最新機種にはNetflixが内蔵され、リモコンにボタンも付く、というものだった。すでに2月新発売の機種で内蔵されているというのだ。

アメリカでは主だったメーカーのテレビにNetflixが内蔵され、リモコンにもボタンが付いていた。日本でも同様の交渉をしているとの情報は私も得ていたが、まさかこんなに早く実現するとは思っていなかった。Netflixはテレビでの視聴を強く意識したVODサービスとしてアメリカで普及した。もちろん

ＰＣやスマートフォン、タブレットでも視聴できるマルチデバイスのサービスだが、普及のポイントとしてはテレビで視聴できたことも大きい。

当初は、プレイステーションやXboxでNetflixを利用できるアプリをそれぞれ用意し、それによって爆発的に普及した。その後、テレビ受像機に直接内蔵されるようになった。テレビメーカーは、自らも様々なサービスを、テレビを通して提供したいと考えていた。だが当時アメリカの家庭でもテレビをネットにつなぐことは珍しかった。Netflixの人気が出てきたので、テレビに内蔵すればネット接続してくれる。メーカー側はそう考えたようだ。かくして、アメリカのテレビは次々にNetflixを内蔵していった。その中にはもちろん、日本の電機メーカーも含まれていた。だから、日本でもテレビにNetflixが内蔵されるのは自然な流れだったのかもしれない。そしてインパクトがあったのは、リモコンに配置されたNetflixボタンの大きさだ。その位置はメーカーによって違うのだが、共通して白地に赤い字でNetflixと表記され、十分に大きいボタンとして配置されている。なんだろうと思わず気になり、押してみたくなるようなサイズだ。

先に述べたアクトビラも、テレビメーカーが開発したサービスだけに、リモコンに〝アクトビラボタン〟が設置されていた。だが隅っこに控えめな大きさで、申し訳なさそうに置かれていた。それに比べると、Netflixボタンは我が物顔にさえ思える。リモコンへのボタン搭載を日本上陸発表時に早々と実現していたことは、Netflixがいかに戦略的で実行力もあるかを示していた。アメリカからやって来る企業は日本市場を甘く見ている例も多いが、彼らは違うようだと日本の業界は敏感に感じとり、戦々恐々とした。

いよいよ動き出した〝黒船〟

２０１５年2月にリリースを出した後、なかなか人前に姿を現さなかったNetflixだったが、6月に突如動き出した。『新・週刊フジテレビ批評』という土曜朝5時の、放送業界の最前線を追う珍しい番組がある。私も時々コメント取材を受けるのだが、久々に連絡をもらって、Netflixへのインタビュアーを依頼された。私なりのツテをたどってアプローチしていたところだったので、願ってもないと一も二もなく引き受けた。

Netflixは表参道駅そばの青山通り沿いのビルに日本事務所を構えた。２０１５年6月当時で20人ほどのスタッフがいたがほとんど日本人だ。日本代表はアメリカ人であり本国でも幹部クラスであるグレッグ・ピーターズ氏だ。彼へのインタビューはフジテレビのスタジオで行われた。

ピーターズ氏は日本語も堪能で、奥方も日本人だという。日本の文化にも通じており、映画やアニメもよく見ているそうだ。インタビューしてよくわかったのだが、彼らは〝走りながら考える〟会社だった。日本での気になるサービス価格や、正確なスタート日など聞いていくのだが、決まっていないのでなにも答えられないという。せっかくの日本初インタビューなのにその時はややがっかりした。はぐらかされたのだと私は受け止めた。

だが後でピーターズ氏自身からも聞いたのだが、本当になにも決まっていなかった。彼らは〝計画〟を綿密に立ててから動くのではなく、動きながら調べたり議論したりして決めていくのだ。臨機応変。神出鬼没。四半期ごとに戦術を決めて実行していき、結果を分析してまた次の四半期のやり方を決める。

新・週刊フジテレビ批評でのインタビュー　（写真１－④）

出典：フジテレビ広報室　© フジテレビ

インタビューの収録を行った同日に、フジテレビとNetflixによる記者発表が開催された。数多くの記者が集まった中、『テラスハウス』と『アンダーウェア』の制作と配信を発表。記者たちのどよめきを呼んだ。特に『テラスハウス』は複数の男女がシェアハウスでともに暮らす様子を切り取ったリアリティショーで視聴率はさほどでもなかったが、若者たちに熱く支持された番組だ。２０１４年に終了して、その後映画版が公開され興行収入10億円のヒット作となった。

『テラスハウス』はNetflixローンチ時に大きな呼び水となりそうだと直感的に思えた。少なくとも、Netflixという新しいサービスの認知に大いに役立つだろう。さらに、Netflixでの配信後数カ月後にはフジテレビで放送されると後で知った。テレビ局制作の番組が別のサービスを通じてネット配信された後自局で放送されるなんて、これまでの常識だとありえなかっただろう。テレビ局が番組をつくるのは放送することが第一目的であり、配信が先で放送が後というのは相当異例なことだと思う。

これを〝Netflixはフジテレビと提携した〟と受け止めた人も多かったようだが、それは少し違う。あくまで二作品について制作と配信の契約を結んだだけで、同じ仕組みが立て続けに行われるわけではない。その証拠に、6月のフジテレビとの提携発表後に、今度はお笑いタレント又吉直樹氏の芥川賞受賞作『火花』を、テレビ局抜きでドラマ化すると発表した。吉本興業と交渉を始めた噂は伝わっていたが、まさか『火花』とはと、業界は驚愕した。あれほど話題をさらった受賞作が、テレビ局抜きでドラマ化されることは、Netflix上陸により、なにがもたらされるのかを予感させられた。

8月初旬には、日本でのスタートを2015年9月2日と発表し、8月後半には料金体系を発表した。月々の料金は、ベーシックプラン650円、スタンダードプラン

950円、プレミアムプラン1450円。これはかなり周りを見て決めた戦略的な価格設定だと感じた。競合するdTVは月500円、huluは933円。ベーシックプランはエントリー用で主にスマートフォンで見る人を想定しており、スタンダードプランは家族でテレビを主に使う想定だと思われる。プレミアムプランは4K画質なので、サービス内蔵テレビを購入した人を想定しているに違いない。また、家族で一つのアカウントを共用でき、個人別の入口を設定できる。これは家族それぞれの嗜好に沿ったレコメンデーションを行ううえで、欠かせないことだ。

スタート前日の9月1日、昼間にはプレス向け会見が行われ、夜には『テラスハウス』の進行役・お笑いタレントの山里亮太氏が司会する華やかなオープニングイベントが開催された。そしてスタート当日の午前中、Netflix CEOリード・ヘイスティングス氏が各メディアに個別にインタビュー対応した。私も時間枠を一つ確保してもらい、じっくり話を聞くことができた。ヘイスティングス氏は非常に明解な英語を話す人で、きちんと私の目を見て一つひとつの単語を丁寧に発音しながらしゃべった。〝プレゼンテーション〟に慣れており長けてもいると感じた。

この時、彼は日本での目標として「7年間で1000万」という数字を挙げた。この数字はほかの記事でも見かけたので、このローンチ当日のインタビューで公式に掲げたものなのだろう。1000万とは、日本のブロードバンドに接続した世帯の3分の1ということだ。アメリカでもブロードバンド接続世帯の3分の1に広がるのに7年間かかったから、というのが根拠だ。

私はこの時、〝7年間〟に特に注目した。つまり、7年間は粘る、ということだと言えるだろう。huluが3年間で日本テレビに買収されたのと対照的だ。日本市場に対して本気なのだと受け止めた。ただ、これには後日談があり、日本法人の別の方にこの話を聞いたところ、「確かに彼はそう言いましたね」と笑いながら言うのだ。つまり、日本スタッフとして共有している目標では決してないらしい。あれも〝プレゼンテーション〟だったのだとこの時気付いた。だから〝7年間で1000万人〟はウソだったというつもりもないが、やはり〝走りながら考える〟ということだろう。

Netflix CEO リード・ヘイスティングス氏　（写真１－⑤）

出典：著者撮影

テクノロジーとクリエイティブの融合を掲げる

Netflixについて語る際、欠かせないのが〝レコメンデーション〟だ。VODは何千何万という膨大なコンテンツの数を競い合う。ユーザーからしても選択肢の多さは重要だ。だが一方で、膨大であればあるほど、どれを見ればいいかわからなくなる。私もかなりの映画好きでいくらでも見たくなるほうなのだが、それでもやはり「なにを見るか」は慎重に選んでしまう。慎重になるあまり、迷いに迷って結局なにを見るか決められずに終わることはしょっちゅうある。

定額制サービスの場合、〝決めてもらえない〟ことは死活問題だ。「加入したもののどれ見たらいいかわからなくて結局何カ月も利用していないなあ」そう思われてしまうと解約の憂き目にあうからだ。使えば使うほどおトク感が出てその分解約されずに済むので、とにかく頻繁に視聴してもらうことが重要だ。

そこで、レコメンデーションが重要になる。サービス側が〝オススメ〟してくれて、そこから選んで満足できれば、また明日も使おう、となるだろう。レコメンデーションとは、Amazonで書籍を購入したことのある方なら、「○○○を読んだあなたに…」の触れ込みで別の書籍を提案してくれる、あれと似た仕組みだ。

Netflixを何度か使うと、「あなたにおすすめ！」とか「○○○を選んだあなたに」「○○○を見終わったあなたに」などとあらゆる切り口で作品を推薦してくる。Amazonの書籍の場合は、前に読んだ作家の別の本、少し前に読んだ本と同じジャンルの本、といった単純な切り口のオススメが多いが、Netflixの場合は少し違う。一見、けっこう見た目の違う作品を薦めてきたりする。どうしてあの映画からこの映画を薦めるんだろうと逆に興味が湧く。

Amazonも同様だと思うが、Netflixのお薦めの鍵は〝タグ〟だ。各作品に多様なタグが付けられている。ある作品を見たユーザーに、それと同じタグを多く持つ別の作品を薦めるのがレコメンデーションの基本的な仕組みだ。ただ、Netflixの場合は、そのタグの種類がものすごく多いそうだ。何千ものタグを付けていくのだという。単純なジャンルだけではなく、「最後にどんでん返しがある」とか、「三角関係を描いた恋愛」など（今のは私の想像だが）、やや主観的なものも多数含まれている。これにより、単純な主演俳優やジャンルとは違うレコメンデーションができるわけだ。アメリカのユーザーは、次になにを見るかを75％の割合でレコメンデーションから選んで決めるそうだ。それだけ、うまくいく仕組みができている、ということだろう。

レコメンデーションだけでなく、Netflixは使い勝手の良いインターフェイスをことのほか重視している。こういうサービスでは、日々の操作で使いづらさを感じたり不快な思いをしたりするのは解約につながりやすい。徹底的に使い勝手を研究し、毎日のように少しずつリニューアルしているのだそうだ。

Netflixはレコメンデーションやインターフェイスの日々の改善のために、エンジニアを大量に雇用しており、優秀な開発人材には年何千万円もの報酬を払っている。アメリカでは、エンジニアの最も優秀な層が選ぶ就職先として、GoogleかNetflixかで迷うほどだという。

「テクノロジーとクリエイティブの融合」。Netflixの人々がよく口にするキーワードだ。彼らはそれを誇りにしている。オリジナルコンテンツを制作するコンテンツメーカーの側面と、技術に磨きをかけて機能を使いやすくしていくエンジニア企業の側面と、両方を持っている。確かにそれはアメリカでも日本でも、これまでにない企業だ。そういう点も含めて、Netflixは映像産業の枠組みを超えて注目すべきユニークな企業だと私は感じている。

迎え撃つライバルたち、注目はAmazon

Netflixが日本進出を発表した２０１５年2月以降、ほかのＳＶＯＤ事業者もにわかに動きが活発になってきた。3月末にhuluが会員数１００万人突破を発表。前年に日本テレビが買収した時点では61万人だったことも公表し、一年間で会員数を急増させた〝勢い〟をアピールした。プレイステーション４への対応やオリジナル作品の制作などの積極策も併せてアナウンスし、Netflixを迎え撃ちつつＳＶＯＤの盛り上がりを意識した意欲を感じさせた。

４月初旬には、ドコモとエイベックスが、共同で運営しているｄビデオをｄＴＶと名称変更する旨を発表した。さらにｄＴＶターミナルというテレビにつないで使うＳＴＢも発売するとし、それまでのモバイルサービスのポジションを、テレビでの利用にシフトしていく戦略を見せた。オリジナル作品の制作もさらに力の入ったラインナップで発表し、ＳＶＯＤの盛り上がりへの熱の入れようが伝わってきた。

この時点では、もともとあったｄビデオあらためｄＴＶと、huluの二大サービスにNetflixがやって来て、三つ巴の争いで市場全体がホットになると思われた。だがNetflixが上陸する秋が近づくにつれ、三つ巴では済まないことがわかってきた。

Ｕ－ＮＥＸＴはＵＳＥＮが起ち上げていたＳＶＯＤサービスで、正直言って存在として地味だった。そんな彼らが8月に、同社のプラットフォームを利用する協業サービスも含めると総契約者数が１００万件を超えたことをリリースした。さらにその後、サービスのインターフェイスを一新し、使いやすさをアピールした。

Netflix襲来の影響を特に受けそうなレンタルDVD業界も動いた。まずＴＳＵＴＡＹＡは、もともと個別課金のＴＳＵＴＡＹＡ ＴＶをすでに運営していたが、これにＳＶＯＤも加えてサービスを一新した。自らのレンタルサービスとのカニバリを起こしかねないが、前向きな対処で立ち向かう意志を示した。

レンタル業界二番手のＧＥＯもＳＶＯＤに名乗りを挙げた。ｄＴＶをドコモと共同で運営してきたエイベックス社と組んで、２０１６年2月からＳＶＯＤサービスを開始すると発表。ＴＳＵＴＡＹＡより格段に安い価格設定で、店舗レンタルと併用する〝ハイブリッドＳＶＯＤ〟を掲げる。ｄＴＶで培ったエイベックスのノウハウが生きることと、アダルトビデオも同じサービスで利用できる点は、見逃せない存在になりそうだ。

国内勢が一斉にＳＶＯＤ市場に乗り出す中、Netflixとは別の外資企業も日本でのサービス開始を発表した。書籍を中心にしたＥＣで伸びてきたAmazonだ。Amazonも少し前に個別課金のＶＯＤサービスは開始していたが、それとはまったく別にＳＶＯＤを発表。驚いたことに、彼らがもともと持つプライム会員のメニューにＳＶＯＤを加えるというのだ。プライム会員は、配送が普通の会員より早いなどの特典があるサービスで年間３９００円。これに加入していれば、ＳＶＯＤは追加料金なしで利用できる。もともとプライム会員だったユーザーから見ると、感覚的にはいきなり無料でＳＶＯＤを利用できる。新たに加入する人にとっても、３９００円÷12で月額３２５円と圧倒的な低価格で利用できることになる。

本国アメリカではオリジナル制作に取り組んでおり、Amazonでなければ視聴できないドラマも豊富だ。さらに日本国内でもオリジナル作品の制作を進めて続々配信をし始めている。Netflixの最も有力な対抗馬として、急浮上した。こうして、春には三つ巴と捉えていたＳＶＯＤ市場が、秋には多数の有力サービスがひしめく戦国時代の状態になってしまった。これほど短い期間に〝レッドオーシャン〟化した事例も珍しいのではないだろうか。

テレビ局と並ぶ制作者がネットから登場

ここまで述べた中にも少しずつ出てきたが、ＳＶＯＤ事業者の大きな特長として、オリジナル作品の制作に積極的な点がある。これは、今までにない傾向だ。いろいろな意味で新しいパラダイムになろうとしている。

Netflixはアメリカで『ハウス・オブ・カード』を制作してエミー賞を授賞した。その後も、サービスの〝売り〟としてオリジナル作品を強く打ち出している。日本でも『火花』に限らず次々とオリジナル制作をしていく様子だ。

Netflixがこれまでのネット発の事業者と違うのは、潤沢に予算を使うことだ。ネット企業はコンテンツ制作にお金をかけないのが常識だった。これはドラマだけでなく、記事の作成でも音楽制作でも、ネットからの依頼は今までより格段に低価格であり、それはいたしかたないものと受け止められていたと思う。だが『ハウス・オブ・カード』には

100億円以上かけているし、『テラスハウス』『アンダーウェア』もテレビ番組並みの十分な制作費をかけていると聞く。

ネット事業者がマスメディアと同じ感覚で制作費を出す。これは実は、日本ではすでに起こっていた。dTVの前身であるBeeTVはそもそもオリジナル作品を配信するサービスで、そこでもテレビドラマと同等の制作費が用意されていた。BeeTVでは再生数に応じたボーナスも制作会社やタレント事務所に支払われていた。運営するエイベックス社自体がクリエイターの会社であることから、制作者を大事にする文化があったせいだ。

BeeTVの流れを受けてdTVも積極的にオリジナル制作を続けており、十分な制作費をかけている様子だ。huluも親会社の日本テレビとの連携も含めてオリジナル作品に取り組み始めた。もともとテレビ局で制作していたスタッフが配信向け番組に取り組むので、予算もクオリティもテレビと変わらないレベルになっている。

先述のとおりAmazonもアメリカだけでなく日本でもオリジナル制作に取り組んでいるらしい。SVOD業界では、オリジナル制作が当たり前になってきたのだ。というのは、料金以外にはラインナップで差別化するのが重要だが、既存コンテンツは独占販売が難しい。あっちのサービスに登場した映画は、ほとんどの場合こっちのサービスでも視聴できる。となると、一番の差別化要因はオリジナル作品ということになる。

その結果、『火花』のようにテレビ局が制作するようなタイトルでも、権利者側がSVOD事業者を選ぶケースも出てくる。テレビ局からすると強力なライバルが一度に登場した感覚だろう。一方、タレント・役者やその事務所、監督や脚本家、制作会社などからすると、これまでテレビ局に限られていた発注主が一気に広がったということになる。それがなにをもたらすかは、後でまた書いていくとしよう。ただとにかく、Netflixが火を付けたSVOD市場の活性化は映像業界に新しい流れをつくる可能性がある。

母体となる会員を、誰がどう獲得するか

Netflixが火を付けたＳＶＯＤ市場だが、２０１５年でプレイヤーは出揃い、これからはそれぞれが個別に成長を目指すだけだろうと考えていたのだが、２０１６年になるとまた違う空気が漂ってきた。

２月に、レンタル二番手のＧＥＯがゲオチャンネルの名でＳＶＯＤをスタートさせた。これは先述のとおり９月に発表済みだったが、ほぼ同時にＧＹＡＯ！が「プレミアムＧＹＡＯ！」の名称でＳＶＯＤサービスを開始した。ＧＹＡＯ！も先述したとおり２００５年にスタートした広告モデルの無料動画配信サービスで、２００９年にYahoo!の傘下になった。その後も無料で一貫していたのだが、定額有料のサービスを並行して始めたのだ。料金は月８００円だが、Yahoo!プレミアム会員は５００円に割引される。

Yahoo!プレミアム会員は１０００万人いると言われる。オークションなどYahoo!内の

サービスを利用するには加入しないといけないのだが、さほど頻繁に使うわけでもなくても会員を続けている人が大量にいるのだ。〝おいしい〟会員資産を有効に使い、Amazonの成功に倣えるのではとの狙いだろう。

そしてどうやら、既存サービスの会員資産の取り合いが、２０１６年のＳＶＯＤ界のテーマになりそうだ。ＧＹＡＯ！がYahoo!プレミアムの１０００万人を生かそうとしている一方で、ゲオチャンネルはレンタルＤＶＤの１６００万人を生かすべく、店頭でプロモーションを始めている。

Amazonはすでにプライム会員を生かして成功しているし、ｄＴＶはもともとドコモユーザーを母体にして始まっている。huluは言わば、テレビ視聴者という巨大な会員組織を背景にしていると言える。現に、２０１５年末に大晦日恒例の『笑ってはいけない』シリーズの過去作品をhuluに入れたら、今までにない水準の新規獲得につながったそうだ。

そして気になるのがレンタル最大の会員資産を持つＴＳＵＴＡＹＡ。２０００万人を超える、映像に定期的にお金を払ってきた人々のデータを持っているし、今も頻繁に店舗

SVOD戦国時代の主役たち　（図表１ー⑥）

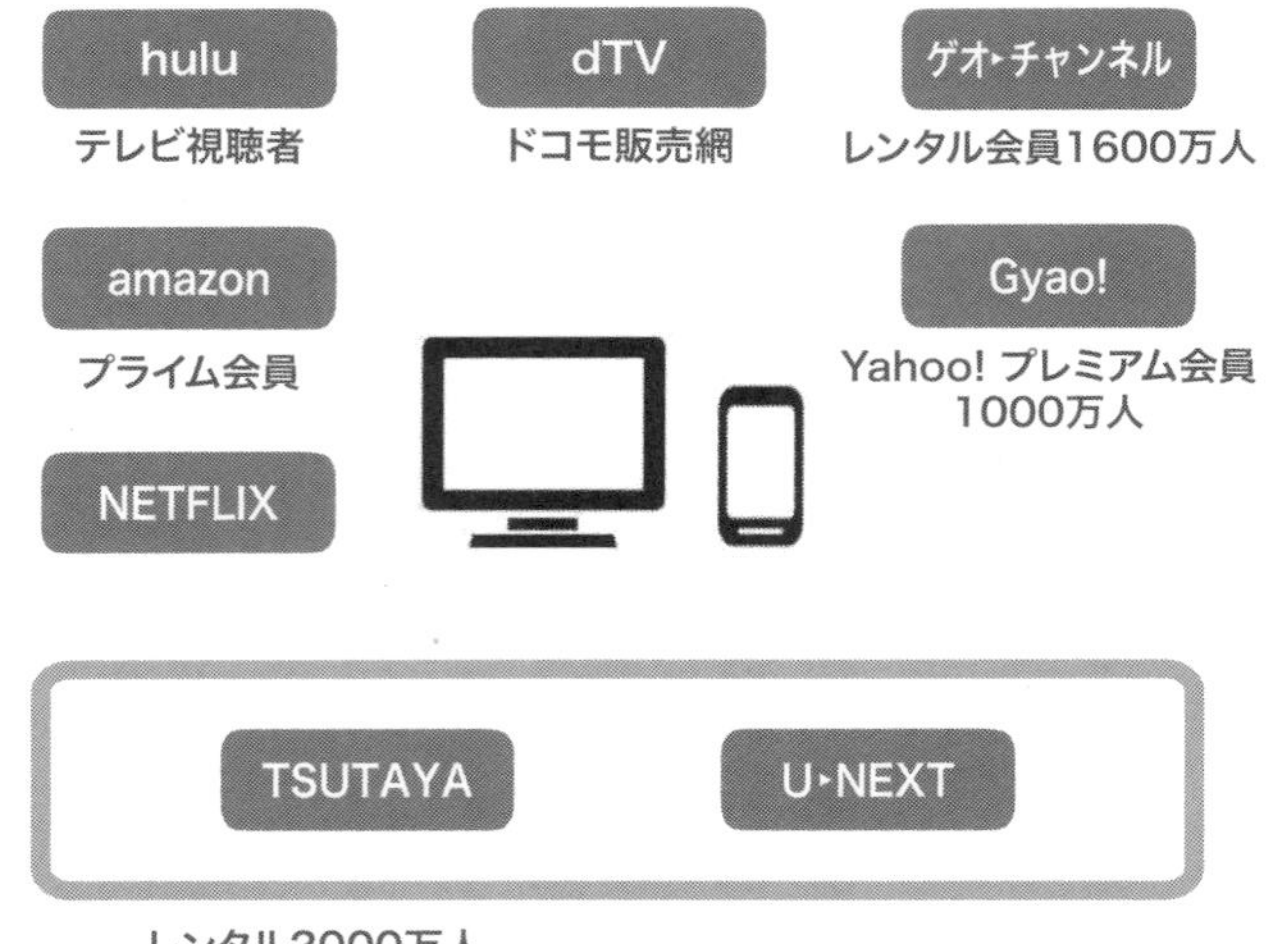

出典：著者作成

に来る。セールスする場所として、相手として申し分ないだろう。そしてさらに気になるのが、2月にTSUTAYAがU－NEXTと共同で映像制作の会社を設立したことだ。オリジナルコンテンツが今後のSVODではますます重要になるとの判断のようだが、なぜこの二社が制作で手を組んだのか。その先があるに違いない。TSUTAYAは2015年にSVODを始めていたものの、UIの使い勝手が悪く、さほど伸びていない様子だった。そこを巻き返して最大の資産をどう生かそうとしているのか、注目だ。

こうなると、SVOD界は2015年に始まった戦国時代の、第二幕に早くも入ろうとしているようだ。今後も合従連衡含めて、様々な動きがありそうだ。

SVODの普及はまだまだ進んでいない

一気にレッドオーシャン化したSVOD市場だが、ユーザーの側もホットになったかというとそうでもない。業界が話題にした割には、一般の人々はほとんど反応していないと言っていいだろう。あるデータではスマートフォンユーザーのSVOD利用率は4・7%だという。アクティブに使っている割合ではもっと低いのではないだろうか。私はもともと映画好きだし仕事上の必要もあってひととおりのサービスに加入し、毎日どれかのサービスを起動している。オリジナル作品も参考にと一所懸命に見ている。だが、見たドラマの感想を誰かと語り合う機会はまったくない。Facebookでつながっている私の〝お友達〟にはメディアの未来を気にする人々は多いが、彼らとてSVOD上のコンテンツを話題にすることはほとんどない。

これにはいろいろな要因があると思う。なんと言っても、我々にとってVODサービスは縁遠い存在なのだ。アメリカではもともと、CATVでテレビを視聴するのが普通で、さらにオプションのドラマや映画専門チャンネルが多数存在する。『セックスアンドザシティ』や『ウォーキングデッド』なども、そうしたオプションチャンネルのドラマシリーズだ。特別ユニークなドラマをオプション料金で見る文化がアメリカにはあった。

テレビにオプションサービスを加える。その感覚はそうカンタンに定着するものではないだろう。さらに日本では地上波テレビ局が頑張ってドラマを週に何十本も送り出している。それらを視聴するだけで手いっぱいになってしまう。決定的だと私が思うのは、ＳＶＯＤをテレビで楽しむにはなにか別の機器が必要になる点だ。現状で言うとAppleTVかAmazonのfireTV、ｄＴＶターミナルなどをテレビにつなぐ必要がある。ネット接続も必要だ。日本の狭い住宅事情の中、テレビの周りの配線をつなぐのはかなりハードルが高いだろう。私も、新しい機器が出るたびにテレビ周辺の家具をひっくり返して大騒ぎだった。

ただ、これから徐々にNetflix内蔵テレビが普及していくと変わってくるだろう。huluやｄＴＶも負けじとテレビへの内蔵を進めている。そして、テレビの買い替えが一気に起こった地デジ化直前期から、そろそろ10年に迫ろうとしている。テレビの買い替え需要は７～８年だと言われる。２０１０年から11年に地デジ化対応で買い替えた人々が、２０２０年の東京オリンピックに向けて買い替えしていくだろう。

気が付くと日本中の家庭に、ＳＶＯＤを内蔵したテレビが普及している。そんなことがこれから２０２０年頃までに起こるのだ。設定や配線も、買い替え時にやってしまうのだろう。そうなると、レッドオーシャンというより、ＳＶＯＤが〝普通〟のことになるかもしれない。ＳＶＯＤの本当の影響は、これからなのだと私は考えている。

Netflixは黒船に喩えられたが、明治維新でも黒船が幕府を倒したわけではない。黒船が刺激となり国内でいろいろな動きが巻き起こったのだ。同じようにNetflixやAmazonが単体で強い影響をもたらすのではなく、huluやｄＴＶも合わせて視聴者に新しいテレビの見方を提示している。

生活の中で放送の占める割合は小さくなるだろう。同時にコンテンツの価値が高まる。これまで、映像コンテンツの制作から流通までをテレビ局が束ねていた構造が、再構築を迫られるはずだ。テレビ局は変容を強いられるだろうが、自らもコンテンツメーカーの一つだと再認識すればむしろ優位に立てるはずだ。一方、タレントやプロダクションなど出演する側、制作する側は、これまでと違う枠組みをいち早く見抜くことでイニシアチブも握れるかもしれない。その意味で、ＳＶＯＤ業界は今後も目が離せない領域と言えそうだ。

※3
正式タイトル『踊る大捜査線 THE MOVIE 3 ヤツらを解放せよ！』。90年代に放送されたドラマ『踊る大捜査線』の映画化三作目として2010年に公開され興行収入73億円となったヒット作。

※4
2011年10月から放送され松嶋菜々子主演、遊川和彦脚本で大ブームとなった日本テレビのドラマ。最終回は関東で40.0%を記録し、2000年代では群を抜いたヒット作となった。

※5
2001年からFOXテレビで放送され世界中でヒットした連続ドラマ。キーファー・サザーランド演じるジャック・バウワーがテロと戦う姿を一話1時間、リアルタイムの進行で描いていく。2014年まで9シリーズが制作されている。

※6
2010年からスタートしたアメリカの人気テレビドラマ。ゾンビによって崩壊した世界で、ゾンビから逃れつつ旅をする少人数グループの物語。2016年現在でシーズン5まで制作されている。

※7
正式タイトル『ハウス・オブ・カード 野望の階段』。ケビン・スペイシーとロビン・ライトが演じる政治家夫婦が大統領の座を巡って繰り広げる駆け引きを大胆に描いたドラマ。2016年時点で4シリーズが制作されている。

第2章

テレビ番組のネット配信

前章で解説したＳＶＯＤの動きは、Netflixの鳴り物入りの日本上陸もあって、業界を大きく動かした。特にテレビ局の番組配信を強く促したようだ。だが、必ずしも２０１５年に突貫作業で進んだのではなく、むしろ〝そんな日〟に備えてテレビ局が進めてきたことが、一気に表に出たに過ぎないとも言える。それにテレビ局のネット配信はもっとずっと前から始まっていた。そこから振り返りながら、この数年の急な動きをまとめてみよう。

テレビオンデマンドの夜明け

２００５年はネットでの動画配信が一気に始まった、カンブリア紀の進化大爆発に似ている。前章で書いたとおり、YouTubeやＧｙａＯなど、今も続く動画サービスが多様に誕生している。そんな中に「第２日テレ」もあった。

中心になった日本テレビの土屋敏男氏[※8]によると、自身が言い出したのではなく、社長が「誰かネット事業やりたいやついないか？」と呼びかけ、新しいことが好きな土屋氏が取り組んだということだ。ネット上でオリジナル番組を有料課金で視聴するもので、ダウンタウンをはじめ、名だたるタレントが出演していた。途中からは投稿動画も扱ったり、スポンサーについてもらう広告モデルの企画もあった。間寛平氏の「アースマラソン」はトヨタ他数社がスポンサーにつき、話題にもなった成功例と言えるだろう。

その後結局、やや尻すぼみな形で、後からスタートした日テレオンデマンドに吸収され終了した。だが第2日テレでの様々な実験が、日本テレビの動画配信事業に生かされているという。オリジナル番組は早すぎたのかもしれない。第2日テレだけでなく、テレビ局の動画配信サービスはフジテレビやTBSなども取り組み始めたが、過去作品をラインナップした小規模なものだった。もっと単純に、テレビ放送された番組をネット上で配信するサービスが2008年にスタートした。先べんを付けたのはフジテレビ。これは、NHKがオンデマンドサービスを始めるとの情報が出てきた中で、なんでも一番先にやる方針のフジテレビが力技で間に合わせたという。

以降、局によって取り組みの幅や温度差はあれ、放送中のドラマなどを放送後すぐに有料で配信することは徐々に普通になってきた。時折、大きく話題になったり、視聴率が伸びるドラマが出たりすると、噂を聞いて途中から追いつきたい層が、放送済の回をオンデマンドサービスで視聴するようになった。『家政婦のミタ』や『半沢直樹』のようなメガヒットでは特に顕著に配信で視聴された。

だがあくまで、放送後に有料で視聴させる形式で、それなりに敷居があった。広告を付けて無料で視聴できればいいのに。そんな声も聞かれたが、実現は難しそうだった。音楽の著作権、出演者の許諾など権利関係で乗り越えるべきハードルがたくさんあった。有料ならＤＶＤ販売と同じ感覚で話がとおりやすいのだが、〝ネット〟に対して斜めに見る人はタレント事務所などには多い。また番組制作にお金を出している形のスポンサーから見ても、納得してもらえるのか、といった課題も指摘された。企業が制作費を負担した形の番組に、ネットで別の企業のＣＭを付けて放送するのはいかがなものか、との意見だ。そういった数々のハードルを考えると無理だとしか思えないようだった。

その壁は、誰かが突き破るしかないと思えた。そして突き破る局が現れた。

２０１４年から〝見逃し視聴サービス〟の大きな波

２０１４年が明けて1月11日。それは突然やってきた。無理だと言われていた、テレビ局の番組の無料配信がいきなりスタートしたのだ。日本テレビが土曜日夜のドラマ枠の『戦力外捜査官』[※9]を、放送後すぐにネットで配信すると発表した。「日テレいつでもどこでもキャンペーン」と冠したサイトがこれまでの日テレオンデマンドとは別に開設され、『戦力外捜査官』をなんの登録手続きもなしに視聴できる。スタート時はＣＭ枠が付いていなかったが、4月以降はテレビ放送を視聴するのと似た感覚で、番組の頭と途中にＣＭ枠があり、それを見ないと視聴できない仕組みになった。ネットではＣＭ枠は拒絶されるのではと心配されたが、実際には離脱率は3％程度でおさまったという。番組もスタート時はドラマといくつかのバラエティだったのが、徐々に増えていった。

中心となったのはインターネット事業局の太田正仁氏。実は同氏は、リクルートで雑誌Ｒ25のネット版の開設に携わった人物で、〝メディアを起ち上げる〟ノウハウを持っていた。同氏が戦略を練るとともに必要なプレゼンテーション作業でもイニシアチブを取った。プロパーだと配慮が先に立って話をしにくいところを、外部登用人材だからなしえたことかもしれない。

このサービスは業界内では〝見逃し配信〟とか〝見逃し無料〟などと呼ばれ、放送を見逃した視聴者に見てもらうのが趣旨だった。もちろん、実際には見逃すどころかテレビを日常的に見る習慣がない若者層に、はなからモバイル端末などで番組を視聴してもらう効果もあっただろう。またYouTubeなどで違法にアップロードされたテレビ番組を、あまり罪悪感もなく視聴していた人々に、〝公式サービス〟として視聴機会を提供する役割にもなった。これまでほったらかしていた機会損失を補填することができる。

テレビ放送での視聴率に影響しないかと心配する声もあったようだが、フタを開くとむしろ気に入ってくれるとリアルタイム視聴にプラスに働いているらしいとのデータも出てきたし、視聴率が下がることもなかったようだ。「日テレいつでもどこでもキャンペーン」は成功と受け止められた。

その２０１４年9月には、民放連会長の井上弘氏が会見で〝見逃し無料サービス〟を在京キー局共同で行うプラットフォームの検討をしていると発表した。これには驚かされた。有料での配信には各局積極的だったが、無料での配信には各局及び腰だった。いくら日テレの試みが成功したとはいえ、動きが速すぎる気がした。後で知ったのだが、すでに前年からキー局の上層部が定期的なミーティングを行って検討していたのだった。その中で日テレがいち早く実施に踏み切ったが、共同でのサービスは前向きな検討が進められていたらしい。

それを裏付けるかのように、井上会長の本拠地であるＴＢＳが10月から見逃し配信サービスをドラマとバラエティ番組で開始した。共同プラットフォームの発表と足並みを揃えたように思える。民放連会長として発表したことに、自分の局がさっそく呼応した形をつくる必要があったのだろう。

12月には、フジテレビが年明けから見逃し配信を始めることを発表した。翌２０１５年4月までにはテレビ朝日とテレビ東京も同様のサービスを開始し、この段階で在京キー局はすべて揃った。

見逃し無料配信サービス　　（図表２－①）

出典：著者作成

　こうなると、井上会長が発表した共同プラットフォーム構想も時間の問題になってきた。私は正直、２０１４年９月の会長発表を聞いた時は、とてもじゃないが実現しないだろうと受け止めていた。その時点では日テレ以外、見逃し配信を具現化できていなかったし、各局での個別の配信でさえ社内のコンセンサスに至ってなかった。うまくいかない、タレントの許諾がとれない、商売になるはずがない、そんな声が聞こえてきていた。各局個別でもできていないものを、共同プラットフォームが成立するものだろうか。

　ところがあっという間に、足並みが揃った。こうなると、共通の入口さえつくればいいだろう。２０１５年4月の段階には、共同プラットフォーム開設は時間の問題だし簡単なことに思えた。だがまだまだいくつかハードルはあったのだ。

2015年10月、ようやく日の目を見たTVer

4月以降、私の耳に入ってきたのは、必ずしも共同プラットフォーム開設が簡単ではない、という情報だった。まず、各局で使っているシステムの違いがあった。共通の窓にアクセスすると、そのサイト上で番組が視聴できるが、実際に動いているのは各局自身のサーバー上に置いてある映像だ。そのシステムが違うとかなりややこしいことになるという。

そもそも、先述の各局のオンデマンドサービスにはポリシーの違いがあった。典型的なのがTBSとフジテレビの違いだ。TBSは「支店主義」と呼ばれ、自分のサイトのサーバーには映像を置かず、それぞれの動画プラットフォームで配信してもらう戦略をとっている。かたやフジテレビは、「本店主義」。自社のサーバーにできるだけ配信元を絞っている。

共同プラットフォームの場合、支店主義のほうが都合がいいわけだ。言い出した民放連井上会長のお膝元がＴＢＳなので、検討作業もおのずからＴＢＳの人材が幹事的な役割を担う。一方フジテレビは、どうしても「本店主義」と少々違うやり方をしており、傍から見て少々ギクシャクしているようにも思えて心配した。

とにもかくにも、7月には共同プラットフォームの名称が発表された。TVerという、シンプルなネーミングで10月にスタートすることが正式にアナウンスされた。いよいよ待ったなしの状態だ。

技術的にはかなりの困難があったようだが、10月26日、宣言どおりTVerはスタートした。私はさっそくさわってみた。いろいろ無理をしてオープンしたわけだが果たしてどうか。ざっと見てみた印象は、これは悪くない！全局の人気番組が、すべてではないがひととおり並んだ様は心地よかった。どれを見ようかと、番組を選ぶこと自体を楽しめる。かなりの数なので並んだ番組をさーっとスクロールするだけでも気持ち良い。

これまでの、各局の見逃し配信サイトは、言ってみれば個別のブランドのテナントに居るような印象だったのが、TVerは大きなショッピングセンターを歩くような感覚だ。歩き回るだけで楽しめる。これは成功ではないか？

TVerの告知に最も力を入れたのはＴＢＳで、幹事役の責任を感じているかのように、ドラマの最後で告知していた。ちょうど10月スタートのドラマの中で『下町ロケット』が抜きんでた人気になったため、それを入口に数多くの人々がTVerを使うようになった。三週間後の11月19日には、アプリのダウンロード数が１００万に達した。翌年２０１６年2月には、２００万になったことが発表された。

ＣＭ枠も、この頃ちょうどテレビ放送のＣＭの需要が高まり数カ月先まで埋まってしまった。買い足りないスポンサー企業に、TVerは格好の商材となったようで、番組にもよるがナショナルスポンサーのＣＭがかなり入っていた。

１００万単位のダウンロード数とＣＭセールスの好調は、TVerの業界内での大きな追い風になったようだ。これまで動画配信に否定的だったテレビマンも認めるようになってきたらしい。

だがそれで一気にテレビ局が配信を認めたかというとそうでもないようだ。売れたとは言え、テレビ放送のＣＭセールスに比べると微々たる額。それほど、放送収入は莫大で単価も大きいのだ。

見逃し配信がテレビ局の第二の収益源になれるかどうかは、まだまだこれからの努力目標だろう。テレビ広告費は、地上波に絞ると1兆８０００億円。番組のネット配信が進んでいる欧米では、テレビ広告費の10％程度にまで配信による広告収入が拡大している。日本のメディア状況は、アメリカの3～5年遅れで進むとよく言われる。だとすれば、２０２０年までには1兆８０００億円の10％、１８００億円にまで市場全体がふくらむかもしれない。その規模になれば見方も変わってくるのだろう。

動画配信の延長にあるテレビ局の新しい可能性

テレビ局によるネット上での動画配信は、これまでとは違う試みも可能にしている。テレビ放送のビジネスモデルは、放送される番組の間に広告枠を挟み込んで、その枠を売るというものだった。

見逃し配信では、このビジネスモデルを踏襲し同様に番組の前や間にＣＭ枠を設定してその枠をセールスする。その手法においてはこれまでとまったく変わらない。だが、放送では〝時間〟という制限があり、24時間を超えた番組の放送と広告枠の設定はできなかった。放送では、商売をする場所が制限されていた。

ところがネットでは場所はある意味、無限だ。見逃し配信サービスでも、そのサイトに来てくれた人々に、通常の番組とは別の動画を見せることもできる。その際、いちいち番組があってその中にＣＭ枠があるとしなくても、番組がそのままＣＭの役割を果たすようなつくり方も可能だ。

10年ほど前から、ブランデッドエンタテインメントとか、プロダクトプレイスメントなどの呼び方で、長尺の動画がそのまま広告効果を持つような考え方は出てきていたし、実際につくられてもいた。だが、継続的な取り組みにはあまりならなかった。テレビ局が見逃し配信サービスを恒常的に行うことで、人が集まる場ができる。そこは、ブランデッドエンタテインメントを提供しやすい場所となるだろう。

また近年、ネット広告の領域でネイティブ広告と呼ばれる手法が注目を浴びている。スマートフォンの時代になって、ＰＣ主体では成立していたバナー広告が、小さなモニター画面で通用しにくくなっている。バナーのような〝広告枠〟より、記事の形式のコンテンツがそのまま広告の役割を持つほうが、直接的に効果を発揮する可能性が出てきた。動画がそのまま広告の役割を持つ考え方は、このネイティブ広告の発想と近いので、同じ潮流の中で受け入れやすくなってもいる。

実際に、ブランデッドエンタテインメントと呼ぶか動画型ネイティブ広告と呼ぶか、ともかく実例が出てきている。

日テレの見逃し配信サイト上には『走れ！サユリちゃん』と題した不思議でコミカルな短尺ドラマが置かれている。ＪＲＡがスポンサー企業として制作されたブランデッドエンタテインメントだ。テレビ東京は、人気の番組『Ｙｏｕは何しに日本へ?』のトヨタ・クラウンバージョンを制作し、動画サイトに置いている。テレビ番組同様、ボビー・オロゴン氏が成田空港で日本に到着した海外からの旅行者をつかまえて、クラウンについてあれこれ質問し、「乗らないか?」と誘う。シンプルな企画だが、番組と同じタッチの面白さで仕上がっている。

これらは、まだテストケースなのだろうが、テレビ局ならではの著名タレントをキャスティングし、番組としてクオリティの高い映像づくりに成功している。広告を〝枠〟の中で無理に見せるのではなく、面白い映像コンテンツに広告効果があるのは、有効ではないだろうか。この考え方の延長には、テレビ局のビジネスの新しい可能性がふくらんでいきそうだ。コンテンツ制作力があり、人を集めるパワーがあるテレビ局ならではの、広告手法は多様に広がりそうだ。

もう一つの番組配信、「同時再送信」

「同時再送信」という言葉はご存知だろうか。つくづく実体がつかみにくい名称だと思う。カタカナでは「サイマル放送」とも言う。電波を通じて放送する同じ内容を、リアルタイムで、別経路で送信することを言う。別経路とはほぼインターネットのことなので、ネットを通じて番組を放送と同時に送り出すことだ。

たとえばオリンピック出場をかけたスポーツの試合がある日、家に帰るのが遅れた時、電車の中で、リアルタイムで放送を見たい、と思うことは誰しもあるだろう。ひと頃は携帯電話にワンセグ機能が付いている機種もあったが、スマートフォンの時代になって忘られてしまった。だが、簡単に言えばワンセグ同様、スマートフォンで放送中の番組が視聴できればいい。同時再送信は、そういうニーズに応える仕組みだ。

だが、有料無料の見逃し配信はここ数年でテレビ局がぐいぐい実現してきたのに比べて、同時再送信はほとんど進展してこなかった。放送をそのままネットで流せばいいのなら、見逃し配信よりラクに思えるのにどうして進まないのだろう。

進まない理由は数多くある。なによりまず、ＣＭを見てもらって企業から広告費を得る民放テレビ局にとっては、同時再送信の部分は視聴率にカウントされないのでやってもお金にならないことが大きい。お金にならなくても視聴者サービスの一環でやればと言いたくもなるが、一度に大量の人がテレビ局のサイトに押し寄せた際のサーバーの費用は莫大になるそうだ。きちんとＣＭを入れてそれに対する対価を企業からもらう仕組みができない限り、積極的にはなれないだろう。

だがそんな中、同時再送信の実験を始めたテレビ局が三つある。ＮＨＫと、ＭＸテレビ、そしてフジテレビＮＥＸＴという、ＣＳチャンネルだ。

フジテレビＮＥＸＴは、有料のＣＳ放送のサービスの一環として取り組んでいる。一部の番組のＶＯＤ配信も始めているので、それも含めてユーザーにとって使いやすい放送サービスへの進化をしているのだ。

ＭＸテレビは、エムキャスというアプリを通じた同時再送信の実証実験を、リクルートと共同で２０１５年7月からスタートさせた。ＭＸテレビは、東京ローカルの独立Ｕ局なので、全国ネットワークではない。放送されていない地域でも、同時再送信なら視聴できるのは、今後の同局にとって優位点になりそうだ。ただ、独立Ｕ局同士でネットワーク的な番組の相互放送もあるので、そういう局に対しては〝仁義を切る〟必要がある。ＭＸテレビはこのところ、独自の番組づくりで一部の視聴者に評価されている。その価値を高めるのに、同時再送信は武器になるかもしれない。

最も注目されているのは、ＮＨＫの同時再送信だ。２０１４年6月の放送法改正により、取り組みの法的背景が確立され、２０１５年から本格的に取り組むことになった。大きく二方向の取り組みがあり、一つは災害時に情報を送り届ける手段として、放送とは別にネットで再送信する場合、もう一つが実証実験として試験的に通常の放送を再送信する試みだ。

実証実験のほうはＮＨＫネットクラブという会員向けに、抽選で選ばれた１万名を対象に、10月から11月までの１カ月の期間、同時再送信を行った。またそれとは別に、いくつかのスポーツ中継でやはり同時再送信の実験を行っている。こちらは誰でも視聴できた。

同時再送信に取り組んだ各局から共通で出てきた課題が、著作権への対処だった。テレビ番組で取りあげる素材で著作権処理が必要なものは、放送までに許諾を得るなどの手続きを経る。ところが多くの場合、その許諾はあくまで放送のためのもので、ネットで配信する際には別途許諾が必要となる。そして同時再送信をやるからと、すべての素材について配信用の許諾はとれない。

番組そのものの配信許諾がとれない場合は、その時間だけ再送信を止めることになる。さらに、番組の中で許諾がとれてない素材が出てきた時には、その部分だけを映像に映らないよう処理をする。〝フタをする〟と呼ばれるのだが、ネットで流す映像だけで、見せてはならない部分になんらかの処理をするのだ。

この作業が最も大変だったという。それはそうだろう。生放送中に次々に出てくる写真の画像、取り寄せた映像、キャラクターなど、ありとあらゆる著作物について処理を施すのだ。

その大変さを考えると、同時再送信は事実上不可能ではないかと私は思う。

だが一方で、同時再送信は海外では当たり前になっている。それぞれの国で有料・無料の違いなどはあるが、基本的にはアメリカでも、イギリスでもドイツでも、あるいは韓国でも、テレビ番組はネット経由で放送と同時に再送信されている。著作権の解釈がほかの国では弾力的なのだ。ネットでの配信を特別視したり嫌がったりするのは日本だけだ。視聴者の側からすると、テレビ番組をテレビ受像機で見るのと、スマートフォンで見るのと、同じようなものだろう。それにスマートフォンでも視聴できたほうがいいに決まっている。「放送と通信で著作権の許諾が別だ」というのは、業界内のルールであって、視聴者からすると「どうして?」という感覚だろう。

そして、テレビ離れが深刻になる中、視聴できるデバイスは多様にあったほうがいい。

同時再送信のルールを、もっと言えば放送と通信の著作権のルールを、弾力化するべきではないか。これは、当時者間ではなく政治的な大きな判断が必要な領域だと私は思う。

※8
日本テレビ・編成局ゼネラルプロデューサー。1992年から始まった『進め！電波少年』を皮切りに、2003年まで放送された電波少年シリーズのプロデューサーとして有名。T部長として出演者に過酷なミッションを与える役回りで番組に出演もしていた。

※9
2014年1月クールの土曜日21時枠で放送された連続ドラマ。武井咲とTAKAHIRO主演で落ちこぼれ刑事がなぜか事件を解決してしまうコメディ。関東地区の平均視聴率11.2%。

第3章

テレビ視聴の変化と新しい視聴計測

テレビのビジネスモデルは、もちろんＣＭを見せて企業から広告費を受け取るものだ。その際の指標は、１９６０年代から行っている「世帯視聴率」の調査。この数値はあくまでＣＭ売買の取引のための指標だが、番組制作者の成績表でもあり、テレビ局の業績を左右する。また一般視聴者にとっても、自分たちにとっての番組評価や人気のモノサシとして気になる数値だった。

だが今、テレビと人々の関係が大きく変わろうとしている。その変化に、「世帯視聴率」でいいのかという議論はここ数年出てきていた。あるいは、人々のテレビ視聴は今どうなっているのかも様々に論じられている。本章では、テレビ視聴の変化を見つめたうえで、「世帯視聴率」というモノサシがどう進化しようとしているのか、見極めたい。

テレビは「おばさん化」している

私がその問題をはっきり認識したのは、２０１０年頃だったと思う。あるテレビ局の広報の方々と雑談する機会があり、あまり他意もなく「ドラマのプロモーションにもっとネットをうまく使うべきですよ」と私が言うと「そうしたいのは山々だが、予算配分で新聞広告は外せないしなあ」というようなことを局の方が言った。「だってＦ３取るなら、やっぱり新聞ですからねえ」というのだ。

そのドラマは若い人向けだったので、いささか面食らった。そもそも、テレビ局の人がそこまではっきりと「Ｆ３取らなきゃ」と口にしたのを見たのも初めてで一種のカルチャーショックを受けた。テレビマンという人種は、年配を向いたほうがいい時でさえも若者を向こうとしたり、新しいことをとにかくやりたがる傾向があるものだ。そんなテレビマンが「Ｆ３取らなきゃ」とはっきり口にしたことに驚いたのだ。

逆にテレビ局の人は今この話を聞いて、そんなに驚くほどのことだろうか、と受け止めたかもしれない。だとしたら、私が思うに変わったのはあなたのほうだ。10年前、今ほど「F3取らなきゃ」と思っていただろうか。局により温度差はあるかもしれないが、本当にここ数年の傾向だと思う。

本書を手にした人なら説明はいらないと思うが念のためにおさらいすると、テレビの視聴率は世帯視聴率とは別に個人視聴率もビデオリサーチ社が出している。その区分は性別を表すF（Female＝女性）とM（Male＝男性）、そして世代を表す1（20〜34才）2（35〜49才）3（50才以上）の三つの数字を組み合わせて表す。F1なら若い女性、M3なら年配男性、となる。それより下の層は、Teen（13〜19才）とChild（4才以上）という区分だ。

世帯視聴率はある世帯がどのチャンネルを見ているかのデータだ。子どもであれ、お年寄りであれ、調査対象世帯の誰かがあるチャンネルを見ていれば、カウントされる。そして今、少子化・高齢化が進み、3層つまり50才以上の世代がかなりの比重になっている。世帯視聴率を握るのは若者ではなく年配層なのだ。さらにその中でも、女性のほうが在宅

世代別人口

（図表３－①）

世代別人口（視聴率区分）

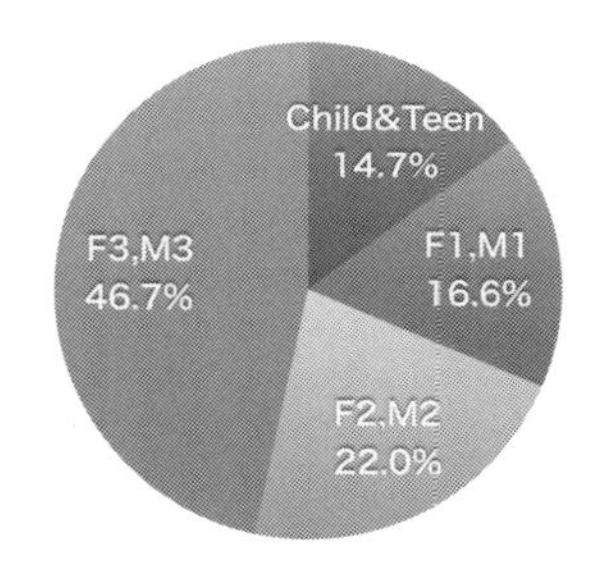

出典：「人口推計」総務省統計局
平成 26 年 10 月 1 日現在の年齢別人口推計より算出
視聴率にカウントされるのは 4 才以上のため、0 ～ 3 才の人口は除いた数値で計算

率が高い。もっと言うと年を取るほど家にいる時間は長くなる傾向がある。

だからF３つまり年配女性が今、世帯視聴率の鍵を握っているのだ。同じ20％でも、F３が20％見ているのと、F１が20％見ているのとでは、全体への影響力が倍以上違う。おのずから、番組のプロモーションもF３対策が非常に重要になってくる。年配層に効く新聞広告を、簡単にネットに置き換えられないことになるわけだ。

F３の比重の高まりは、宣伝だけでなく番組の中身にも直接影響を及ぼす。番組制作に携わるテレビマンに聞くと、たとえば自分が担当する番組の世帯視聴率が落ちた時、個人視聴率も調べると案の定、F３の数字を他局の番組にさらわれているケースが多い。上司や編成からはどうするんだと迫られる。そこで緊急会議を開くのだが、どうしても「F３を取り戻すにはどうすればいいか」という議論になる。F３にウケそうなネタを持ってくることになってしまう。

ひと頃よく、ゴールデンタイムでグルメと温泉の話題が増えたと言われたが、最近はもっと多様なF３向けのネタが扱われる。健康ネタが増えたし、美容の話も多い。私はある時ふと、20時台の番組を見ていて、昼間の番組を見ているのではないかと錯覚した。健康についての知識であふれているのだ。そして出演しているのはゴールデンらしい華やかなタレント陣だ。売れっ子の芸人やグラビアギャルが、健康に関する知識に「へ〜」と感心している、そのギャップに不思議な気分に包まれた。こうした傾向を私は「テレビのおばさん化」と、多少の皮肉を込めてブログに書いたりしている。そのほうが視聴率をとれるのだから、ということなら、仕方ないのかもしれないが。

だがＣＭ枠を高いお金を払って買うスポンサー企業からすると、悩ましい問題となる。視聴率の高い番組の提供枠を買っても、その中身を紐解くとＦ３が中心かもしれない。日用品や食品は、直接的には〝主婦層〟が購買するのでＦ３が中心でも良いのかもしれないが、明らかに若い層がターゲットとなる商品の場合はよくよく視聴率の中身を確かめる必要がありそうだ。

番組の提供枠ならまだいいが、スポット枠の購入についてはさらに悩ましいだろう。スポット枠の発注は「この局のＣＭ枠を１０００ＧＲＰ買いたい」といったやり方になる。ＧＲＰとはGross Rating Pointの略で「総世帯視聴率」の意味。１０００ＧＲＰの発注の場合だと、視聴率の合計が１０００％になるような買い方をすることになり、実際の枠決めは広告代理店が局に発注して調整し、スポンサー企業に提示する。もちろんどんな枠か、昼間中心とか深夜帯を中心にといった〝大まかな〟要望はできるが、あまり細かな注文はできない。

１０００ＧＲＰのスポット枠を買った場合、その中身がＦ３を中心とした数字なのか、若い層も含まれているのかは明確ではない。「Ｆ１のみで１０００ＧＲＰ買いたい」という買い方は今のところできないのだ。あるスポンサー企業の方が言っていたのだが、その企業は30代がターゲットの商品を販売しているので、スポット枠の購入だとなかなかその層に当てにくい。そこで、それまでスポット枠中心でＣＭを打っていたのを、30代が比較的多い番組の提供枠の購入に、方針変更したそうだ。

この件は典型的だが、そこまでではなくてもスポンサー企業からの、視聴率に対する懸念はけっこう聞く。それは決して、テレビＣＭの効果への疑問ではなく、むしろ短期的なリーチ獲得にはテレビＣＭが断然効果的とどの企業も理解している。だが視聴率というモノサシと、それをもとにしたシステムへのもやもやした不満があるようなのだ。

こうして見ていくと、世帯視聴率という計測手法に対して番組づくりでも、ＣＭ購入の指標としても、歪みが出てきているし、それを誰しも多かれ少なかれ認識しているとわかる。もはや臨界点に来ているように思える。それに視聴率そのものに問題があるわけでもない。今までのやり方と、時代の変化とのギャップが生まれている、ということだろう。

では視聴計測はどうあるべきか。その前に、少し話がそれるが、このところ気になる現象について触れたい。

フジテレビの視聴率低迷とテレビのポジションの変化

フジテレビの視聴率低下は２０１５年からのテレビ界の話題の一つだ。業界内でみんなが気にしていると言っていい。ライバルのはずの他局の幹部が「フジテレビには元気になってほしいなあ」と心から言っていたというエピソードも聞いた。業界内の中枢にいる年配の人たちほど、若い頃はフジテレビの躍進に強く影響を受け、目標としていたからだろう。目標を見失うようで切ないのかもしれない。フジテレビの不振は、特に２０１５年度の上期で営業赤字になってから、あちこちのメディアでよく語られるようになっている。

私も、20～30代の頃はテレビと言えばフジテレビだった。ドラマもバラエティもよく見たし、スポーツ番組も開拓したのはフジテレビだったと思う。テレビのリモコンで最初に押すのは「８」だった。そのフジテレビが視聴率を落としているのは私としても寂しい。だが、これは仕方ない、というのが私の論だ。フジテレビのＤＮＡが、今のテレビを取り巻く環境で視聴率を高めることと、相いれなくなっていると考えている。フジテレビが視聴率を上げるためには、いままでのフジテレビを捨てる必要がある。だがそうなると、フジテレビでなくてもいいテレビ局になってしまうのではないか。

フジテレビの視聴率は、三冠王を日テレに奪われた２０１１年にいきなり下がったのではない。もっと前から見ると、下がり始めたのは２００５年以降だとわかる。

局別プライムの推移（各年度 2Q）　　（図表３ー②）

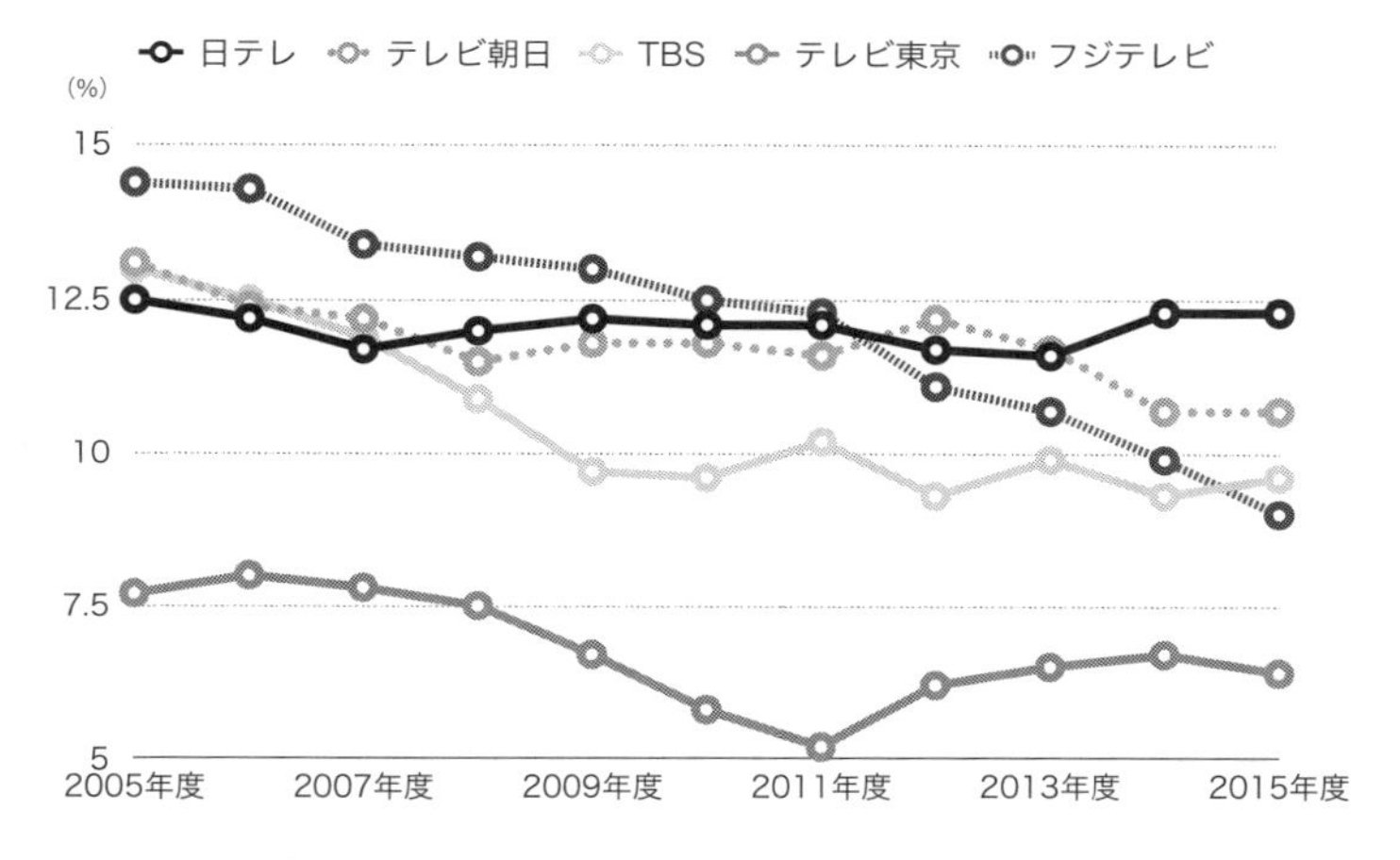

出典 :TBS 決算資料より、各年度第２四半期のプライム帯資料率の数値をグラフ化

これはどう解釈すればいいのだろう。私は、ネットの登場でテレビのポジションが変わったからだと考えている。

１９９０年代までは、テレビは最も先端的な話題を取りあげたり、時代を先取りしたりしたコンテンツを見せる場だった。ほかのメディアに対し圧倒的なスピード力があり、また若者をターゲットにすることでほかの層、10代や子どもたち、あるいはより上の層もついてくるメディアでいられた。そして若者層をターゲットとすることで広告収入も狙えた。日テレと視聴率で競り合いながらもフジテレビのほうが売上高では上回っていたのは、若者が見る番組のほうが提供枠の価値が高かったからだろう。

そこにネットが登場し、２０００年代半ばには十分に普及した。するとテレビのポジションは大きく変化した。新しさ、先端的な話題はネットのほうが上回り、逆にテレビにはもっと安定的な題材が求められるようになった。ネットには刺激を求め、テレビには安心を求める。そういう位置の変化が起こったのではないだろうか。

これを裏付ける資料とまでは言えないが、ヒントとして、ＮＨＫ放送文化研究所が

２０１５年に行ったフォーラムで発表された「東西視聴差」のデータを見てみよう。２００５年の若者の人気番組リストは、東京と大阪で細かな順位差はあるにしても、挙がっている番組は大きくは変わらない。ところが２０１４年のリストを見ると、まるで番組が違う。大阪では、地元出身のお笑いタレントがメインの番組が浮上している。

大阪の若者も、２００５年では東京的な、最先端の番組を求めていた。ところが２０１４年では、自分たちに近しい存在が出ている番組を求めるようになっている。そう解釈できるだろう。

若者が保守的になったとも言えるが、むしろ、若者がテレビに対して求めるものが保守的になったのだと私は考える。刺激的なものはネットならいくらでも探し当てることができるのだから。

ネットの登場によって、フジテレビが得意としていた新しさ、都会的な要素が生きなくなったのではないか。ネットとテレビの間で、フジテレビの価値が埋没してしまった。私はそう考えている。

上位 10 番組　関東 20・30 代（2005 → 2014）　（図表 3 —③ a）

【上位10番組】関東20・30代（2005→2014）

2005年　平日21-23時台

番組名（局・曜日・開始時刻）				視聴率(%)
フジ	月	21:00	エンジン	22
フジ	月	22:00	SMAP×SMAP	17
フジ	月	23:00	あいのり	17
フジ	火	21:00	離婚弁護士Ⅱ ハンサムウーマン	15
フジ	木	21:00	とんねるずのみなさんのおかげでした	12
フジ	木	22:00	木曜劇場・恋におちたら	11
日テレ	水	22:00	anego・アネゴ	10
テレ朝	火	21:25	ロンドンハーツ	10
フジ	火	22:00	曲がり角の彼女	10
TBS	金	22:00	タイガー＆ドラゴン	9

2014年　平日21-23時台

番組名（局・曜日・開始時刻）				視聴率(%)
フジ	木	21:00	とんねるずのみなさんのおかげでした	8
日テレ	月	23:59	月曜から夜ふかし	7
日テレ	水	21:00	ザ！世界仰天ニュース	7
テレ朝	火	21:00	ロンドンハーツ	7
フジ	木	22:00	続・最後から二番目の恋	7
日テレ	月	21:00	深イイ話×しゃべくり007	7
日テレ	水	22:00	花咲舞が黙ってない	6
フジ	水	21:00	ホンマでっか！？TV	6
テレ朝	木	23:15	雨上がり決死隊アメトーーク！	6
フジ	火	21:00	ビター・ブラッド	6

帯番組は番組の前に#を表示　放送時間10分以上
帯番組から時間が動いた番組は除外（以下同じ）

上位 10 番組　近畿 20・30 代（2005 → 2014）　（図表 3 —③ b）

【上位10番組】近畿20・30代（2005→2014）

2005年　平日21-23時台

番組名（局・曜日・開始時刻）				視聴率(%)
関西	月	21:00	エンジン	24
関西	月	22:00	SMAP×SMAP	17
関西	月	23:00	あいのり	17
関西	火	22:00	曲がり角の彼女	12
関西	木	22:00	木曜劇場・恋におちたら	12
朝日	木	21:54	#報道ステーション	11
読売	月	21:00	キスだけじゃイヤッ！	10
朝日	火	21:25	ロンドンハーツ	10
毎日	金	22:00	タイガー＆ドラゴン	10
毎日	金	21:00	中居正広の金曜日のスマたちへ	10

2014年　平日21-23時台

番組（局・曜日・開始時刻）				視聴率(%)
関西	水	21:00	ホンマでっか！？TV	11
朝日	金	23:17	探偵！ナイトスクープ	10
読売	木	22:00	ダウンタウンDX	10
朝日	水	21:54	#報道ステーション	10
読売	木	21:00	秘密のケンミンSHOW	9
読売	金	21:00	映画・ダークシャドウ	9
関西	木	21:00	とんねるずのみなさんのおかげでした	9
読売	月	21:00	深イイ話×しゃべくり007	8
関西	火	22:00	ブラック・プレジデント	8
関西	月	21:00	極悪がんぼ	8

出典：NHK 文研フォーラム z『テレビ視聴の東西差を探る』
～ NHK 全国個人視聴率調査 長期分析の結果から～

局別プライムの推移　（図表３－④）

テレビのポジションが変わった？

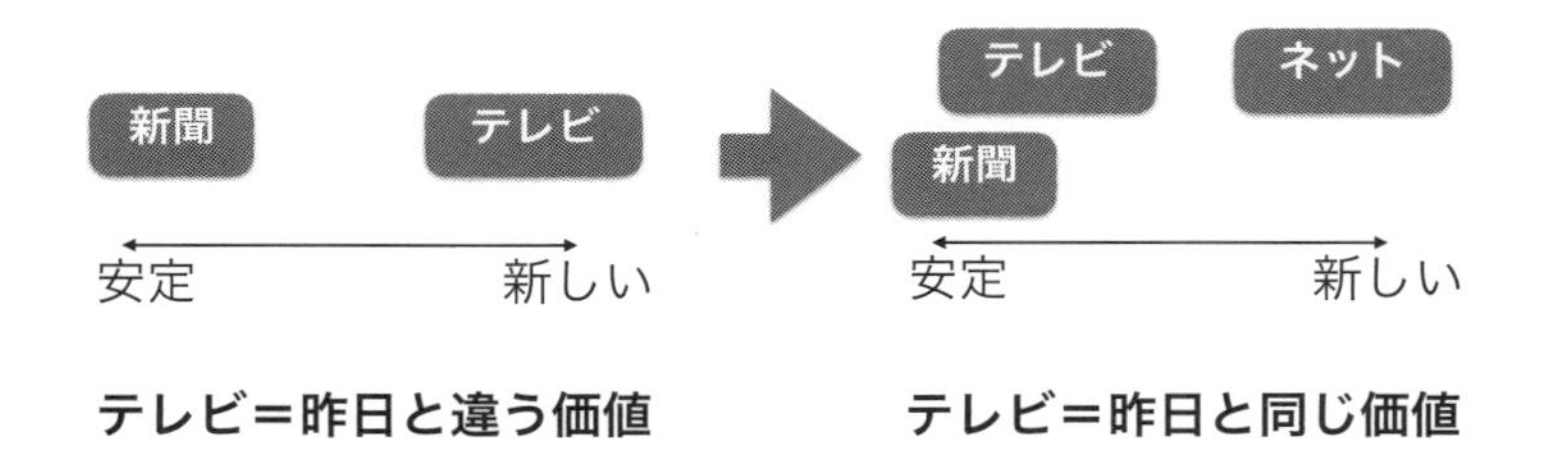

出典：著者作成

そうするとフジテレビはどうしようもないのだろうか。突破口はあると思うが、それは第7章で書くとしよう。

メディア接触の「緩急」とテレビ視聴

テレビと人々の関係の変化について、非常にわかりやすい2015年の調査結果があるので紹介しよう。博報堂DYメディアパートナーズはメディア環境研究所という研究機関を持っている。その研究員である加藤薫氏に私が企画したセミナーで登壇してもらった。その際の同氏の発表が、これまでにない観点から、メディアと人々の新しい関係を知らしめるものだった。

大まかに紹介しよう。まずここ数年のメディア接触時間のグラフを紹介する（図表3－⑤）。多くの調査が示すとおり、マスメディアの接触時間が漸減し、PCやタブレット、

テレビの視聴時間　（図表3－⑤）

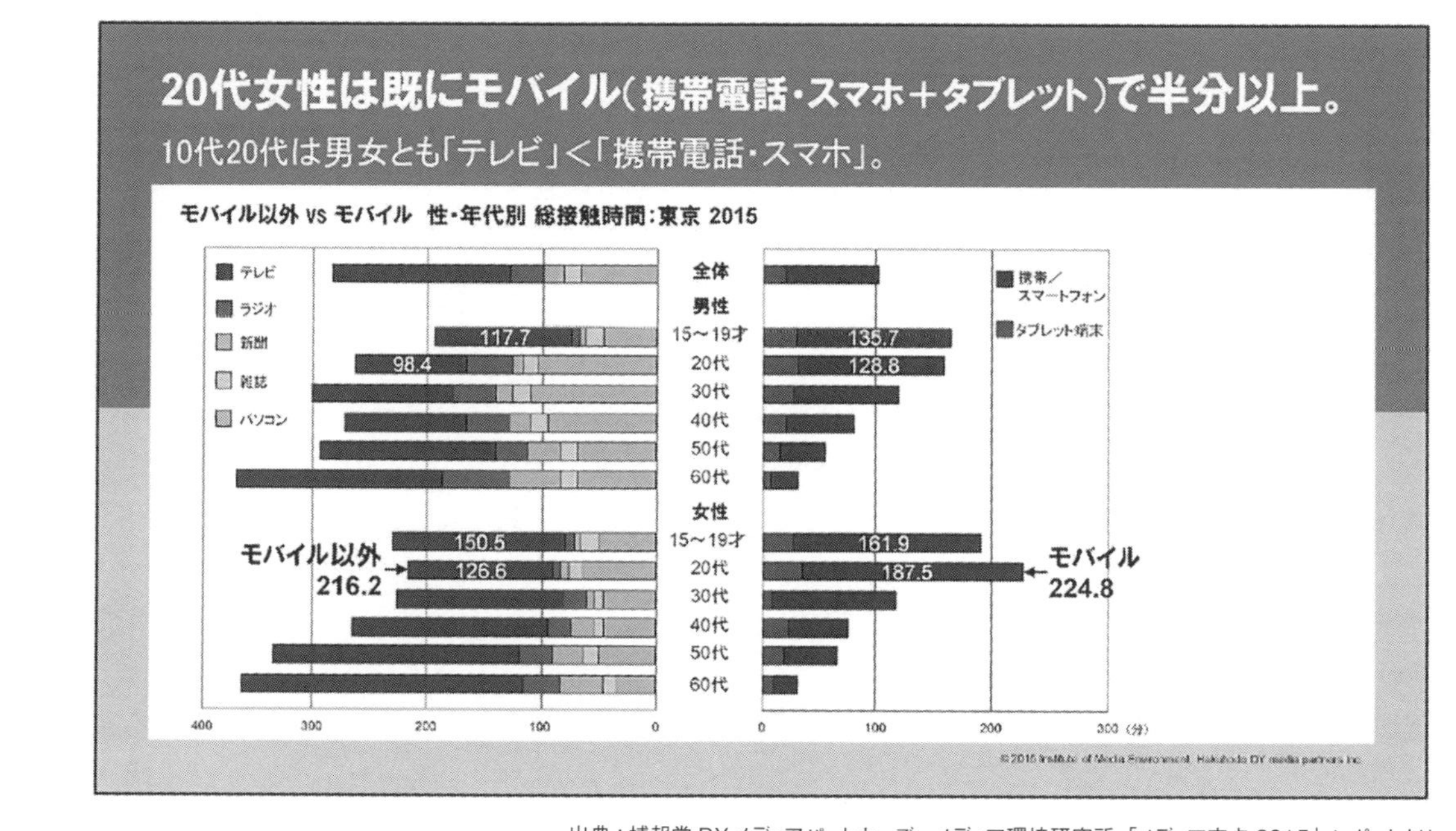

出典：博報堂 DY メディアパートナーズ　メディア環境研究所「メディア定点 2015」レポートより

スマートフォンなどネットの接触時間が増えている。加藤氏はこれを、マスとネットではなく、モバイル（スマートフォン＋タブレット）とそれ以外に分けて見せた。すると、ネットが増えているというより、モバイルの接触時間が急増しており若い女性層だと半々ぐらいにまでなっている。重要なのはここだ、というのが加藤氏の捉え方だ。

発表では、ともに26才の二人の女性（独身と、二児の母である専業主婦）のメディア接触の様子を、朝起きてから夜寝るまでカメラが密着した映像を紹介した。独身と主婦というプロフィールに違いはあるが、二人ともとにかくひたすらスマートフォンを肌身離さず、始終なにかを見ている。ゲームをやり、ＳＮＳを眺め、時折なにかのサイトや映像を見て、またＳＮＳを見る。せわしないったらないし、個々のメディアやコンテンツをちゃんと見ているのかと言いたくなるほど瞬間的にしか見ていない。ところがある時点でスイッチが入り、突如コンテンツに見入る。録画したテレビドラマや、ＶＯＤでドラマを見る。ベッドに入ってマンガサイトでじっくりマンガを読む。接触の様子が極端だ。

これについて加藤氏は「緩急」というキーワードで解説した。スマートフォン以前では、テレビも新聞雑誌も、似た時間感覚で接していた。スマートフォンを持つようになっ

スマホ普及によって変わるテレビ視聴　　（図表３－⑥）

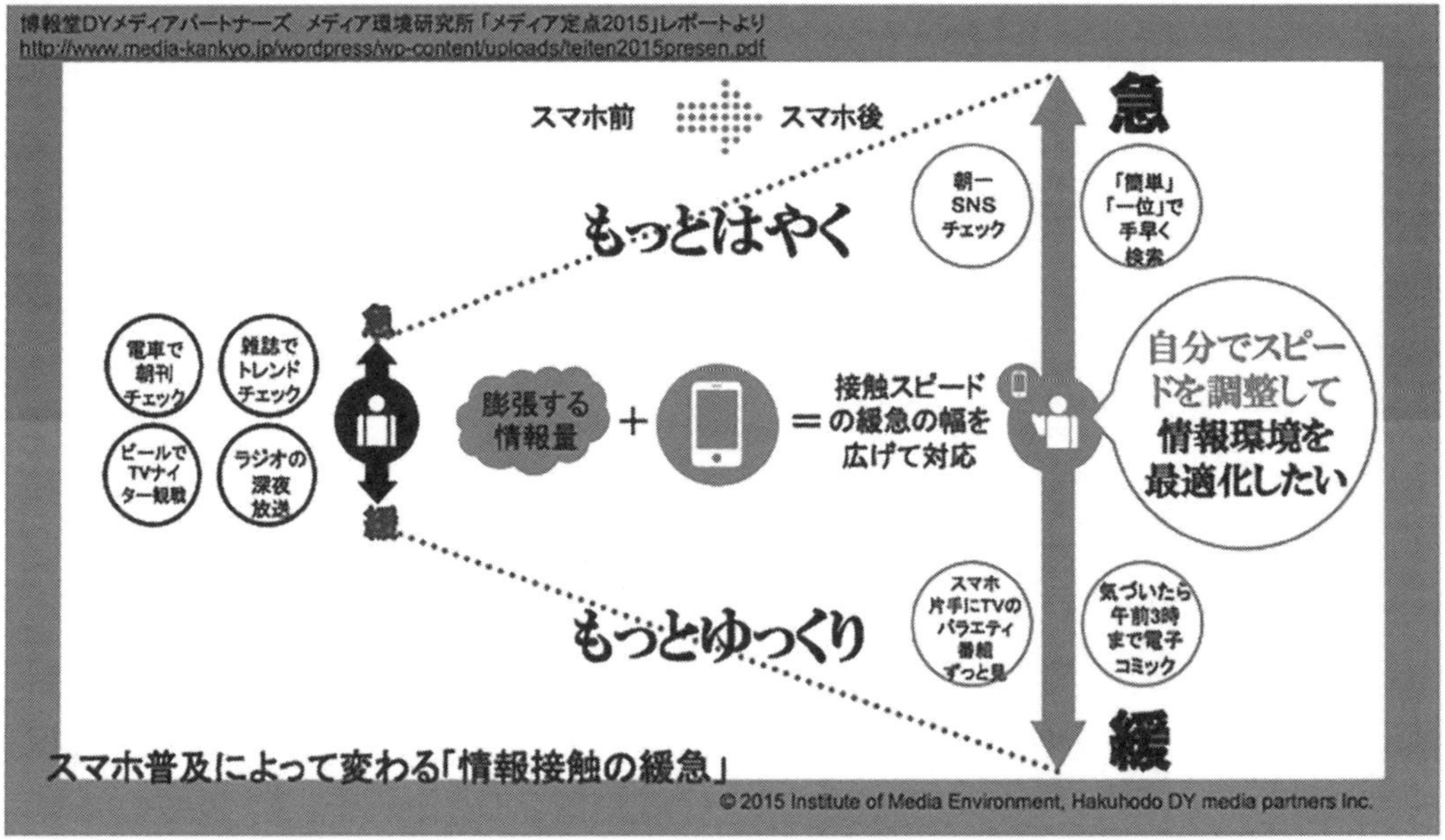
博報堂DYメディアパートナーズ　メディア環境研究所「メディア定点2015」レポートより
http://www.media-kankyo.jp/wordpress/wp-content/uploads/teiten2015presen.pdf
スマホ前
スマホ後
急
緩
電車で朝刊チェック
雑誌でトレンドチェック
ビールでTVナイター観戦
ラジオの深夜放送
もっとはやく
もっとゆっくり
膨張する情報量
＋
＝接触スピードの緩急の幅を広げて対応
朝一SNSチェック
「簡単」「一位」で手早く検索
自分でスピードを調整して情報環境を最適化したい
スマホ片手にTVのバラエティ番組ずっと見
気づいたら午前3時まで電子コミック
急
緩
スマホ普及によって変わる「情報接触の緩急」
© 2015 Institute of Media Environment, Hakuhodo DY media partners inc.

出典：博報堂 DY メディアパートナーズ　メディア環境研究所「メディア定点 2015」レポートより

てからは、「もっと速く」という気分で、ものすごく〝ファストな〟メディア接触をする。ところがある時点で急に「もっとゆっくり」見たいという接触態度にチェンジする。同じコンテンツをずーっと見続けるのだ。それが終わるとまたシフトチェンジが起こり、スマートフォンで次々にメディアをむさぼるように見て回る。

さらに重要なのは、スピードを自分で調節して見ようとする傾向だ。「情報環境を最適化したい」とあるように、自分にとって一番都合のいいメディア接触をする。スマートフォンで自分の思うように矢継ぎ早にメディアを切り替えていく。「ゆっくり」モードでも、自分が見たい時にドラマやマンガを見る。

メディア企業側から見ると、非常に厄介かもしれない。よく言われるように、〝編成権〟を完全にユーザー側が手にしてしまった。〝こんなふうに見てほしい〟という送り手側の気持ちはもはや通用しないのだ。勝手につまみ食いされたり、届ける時間をカンタンに変えられてしまう。

この概念を理解してしまうと、テレビ放送という形態について絶望的な気分になる。この感覚に、テレビ放送はどうやっても合わないと思えてしまう。30分や1時間の尺を最初から終わりまできちっと見てもらうことは難しそうだ。放送中の番組を瞬間的にしか見てもらえないか、ネット配信された番組をチラ見してくれるか、というところか。「もっとゆっくり」ターム の時に唯一、スマートフォンを手に放送されている番組を見るともなく見てもらうことができそうだが、それより録画したものを思いついた時に見てもらうほうがこのスタイルには合うのだろう。ＶＯＤに積極的に番組を出すべきだと思えてくる。

視聴の断片化とタイムシフト視聴

「テレビ視聴は断片化している」という言い方がよく使われる。序章で紹介した若者のエピソードを思い返してほしい。彼はYouTubeにアップロードされたと思われる『アメトーーク！』をスマートフォンで視聴していた。本来的な視聴形態ではないが、若者にとっては気に入ったテレビ番組を動画投稿サイトで視聴するのは当たり前になっている。

電通総研が２０１４年10月に行った調査「通勤・通学時の動画視聴」によると、「視聴しているのは共有系動画サービスが圧倒的に多い」こと、「テレビで人気のコンテンツジャンルも多く視聴されている」ことなどがわかったという。もちろんYouTubeにしかない映像も多く見られているが、テレビ番組も思いのほか視聴されているのだ。

さらに前章で述べたとおり、テレビ局自身による番組のネット配信は着々と進んできた。TVerや各局個別の配信状況を合わせると、無視できない量の視聴時間になる。インテージ社のｉ－ＳＳＰ（この仕組みは後述する）で２０１５年一年間の各種動画サービスの視聴状況をやはり私が企画したセミナーで同社の田中宏昌氏に披露してもらった。

このデータによると、各局のサービスはそれなりの割合で利用されているようだ。YouTubeなどで勝手にアップロードされている番組も含めて、ネット上でテレビ番組はかなり視聴されているだろうと思える。これまではテレビ受像機での視聴だけを把握しておけばよかったのが、今やあらゆるデバイスでの視聴も視野に入れなければならなくなった。このテレビ視聴の断片化への対処が必要になっている。

各種動画サービスの視聴状況　（図表３－⑦）

インテージシングルソールパネル（i-SSP）
新しい動画視聴サービスの視聴状況（月間平均アクセス率）

	15~19才	20~29才	30~39才	40~49才	50~59才	60~69才
NHK ※	0.7%	0.5%	0.4%	0.8%	1.2%	2.1%
NTV ※	3.4%	2.3%	1.6%	2.0%	1.7%	2.0%
TBS ※	1.7%	1.1%	1.0%	1.3%	1.1%	1.0%
CX ※	2.1%	1.7%	1.9%	1.7%	1.7%	1.2%
EX ※	0.8%	0.7%	0.8%	0.6%	0.6%	0.7%
TX ※	0.8%	0.4%	0.4%	0.3%	0.4%	0.3%
TVer	1.6%	1.0%	0.9%	1.3%	1.4%	1.9%
YouTube	61.4%	61.1%	54.4%	56.4%	55.2%	56.1%
Hulu	2.6%	6.5%	7.4%	9.5%	10.5%	11.5%
Netflix	1.6%	1.3%	1.2%	1.1%	1.6%	1.8%

〈データソース〉 インテージ シングルソースパネル（i-SSP）
〈集計条件〉・2015年1月～12月の各月アクセス率の平均値（TVerは7月～、Netflixは5月～）
・i-SSPのPCないしはMobile（Androidスマートフォン）の協力モニターが対象
・対象エリアは全国、インターネット人口構成比によるウェイトバック集計を実施

※集計サイト（ドメイン）は各局／各サービスにおいて、下記のドメイン、サブドメイン、ないしはURL以下いずれかへのアクセスを対象とした。

NHK　NHKオンデマンド（nhk-ondemand.jp）
NTV　日テレオンデマンド（vod.ntv.co.jp），日テレ無料TADA! by 日テレオンデマンド（cu.ntv.co.jp/）
TBS　TBSオンデマンド（tod.tbs.co.jp），TBS FREE by TBSオンデマンド（tbs.co.jp/muryou-douga）
CX　FOD（fod.fujitv.co.jp）※「フジテレビプラスセブン」含む。フジテレビ動画（fujitv.co.jp/doga），フジテレビONE/TWO/NEXT（otn.fujitv.co.jp/），ホウドウキョク（houdoukyoku.jp）
EX　テレ朝動画（tv-asahi.co.jp/douga）※「テレ朝キャッチアップ」含む
TX　テレビ東京動画まとめTOP（tv-tokyo.co.jp/douga/）※「テレビ東京オンデマンド」含む。ネットもテレ東キャンペーン（video.tv-tokyo.co.jp/），テレビ東京PLAY（tvtokyo-play.com），ビジネスオンデマンド（txbiz.tv-tokyo.co.jp），アニメオンデマンド（tv-tokyo.co.jp/anime/theater）

出典：インテージ シングルソースパネル（i-SSP）

テレビ局にとってもっと由々しき問題は、タイムシフト視聴だろう。テレビを録画して見ることはもうずいぶん前から一般家庭で行われてきた。だが昔のテープによる録画は、2〜3時間分しか録れないので、とっておきの映画放送やどうしても保存したいドラマの最終回を録る程度だった。だが今やハードディスクによる録画機が一般的になり、その容量もGB（ギガバイト）単位からTB（テラバイト）単位に広がり、買いやすい価格帯で売られている。そうすると、非常に気軽に録画するようになった。

テレビが好きな人ほど、一週間なにを見るかあらかじめ録画予約しておき、放送日にリアルタイムで見られなくても、翌日や翌々日に、遅くともその週末に見ることが普通になっている。録画機も進化し、同じ番組を毎週録画してくれたり、中には好みに合わせて自動で録画してくれる機種も現れた。

様々の視聴調査では、テレビの全視聴時間のうち10〜20％が録画した番組を見るタイムシフト視聴になっている。さらには、基本的に録画でしか見ないとか、リアルタイムで見ることができても追いかけて再生して見たほうが効率的だという人も出てきた。

そうなると、タイムシフト視聴が本来の視聴率を下げているのではとの懸念も出てくる。ビデオリサーチ社では２０１４年からタイムシフト視聴の調査を始めてＷｅｂ上で時々そのデータを公表している。録画された番組のランキングでは上位はやはりドラマが占め、世帯視聴率の半分に及ぶ番組もある。テレビ局としてみれば、本来は世帯視聴率に反映される数値のはずなのにと、忸怩（じくじ）たる思いがあるはずだ。

アメリカではＣ３という指標がすでに２００７年から、ＣＭ取引に使用されている。ＣはコマーシャルのＣ、３は放送後三日間ということだ。つまり放送後三日間までのコマーシャルの視聴数がＣＭの取引指標として使われているのだ。アメリカでもずいぶん前からタイムシフトの問題があり、テレビ局側から録画視聴もＣＭは見られているのだから取引に反映させたいと要望が出た。一方スポンサー企業としては、ＣＭタイムになると視聴率はぐっと下がるのだから、番組の視聴率ではなくＣＭの視聴だけにしかお金を払いたくないと主張していた。

二者の間で意見調整をした結果、コマーシャルの視聴だけを放送後三日間計測することになったという。これはたまたま、その時点で計算したら指標を変えても同じ金額になったという偶然により成立したと聞いている。

新しい視聴計測の体制づくり

このように、今テレビとの接し方が大きく変化している。視聴が多様化していると言っていいだろう。それを踏まえて、視聴計測の体制づくりが急がれている。

日本での視聴率計測を担うビデオリサーチ社が、2015年12月、大きなフォーラムイベントを開催した。「VRフォーラム」と名付けられたこのイベントは、2012年以来二回目の開催で、放送業界、広告業界から非常に多くの参加者が集まった。三日間のフォーラムではメディアに関する多様なセッションが行われたが、中でも注目を集めたのは二日目の「ビデオリサーチが描く〝これからの視聴率〟」というタイトルで行われたセッションだ。ある意味、同社の〝公式発表〟で、視聴計測の全体像を再構築することを説明したものだった。

同社の発表を基に私が作成したのが（図表3－⑧）だ。これまでの調査対象世帯600世帯を900に増やすとともに、タイムシフト視聴も一緒に計測する。これは2016年10月スタートするとある。さらに、テレビ受像機以外の視聴も計測し、「無料キャッチアップ」の計測も10月までに準備を進めるとのことだった。注意事項として、これは関東での計測の話で、関西以下ほかの地域は順次、同様の整備を数年間かけて行うとのことだ。

この発表には当然、各局個別の見逃し配信サービスがスタートしたこと、さらにはTVerが好調にサービスを開始したことが関係しているだろう。もっと言えば、2014年に民放連会長が共同の見逃し配信サービスの検討を始めたと発表した時から、ビデオリサーチ社としても準備を始めていたに違いない。もちろん大手代理店として、こうしたステップをうまく導いていったようだ。業界内の規定のレールに沿ったものなのだろう。

ビデオリサーチが発表したこれからの視聴計測　（図表３－⑧）

ビデオリサーチが発表した
“これからの視聴計測”

関東地区視聴率調査：テレビ視聴測定のカバー領域

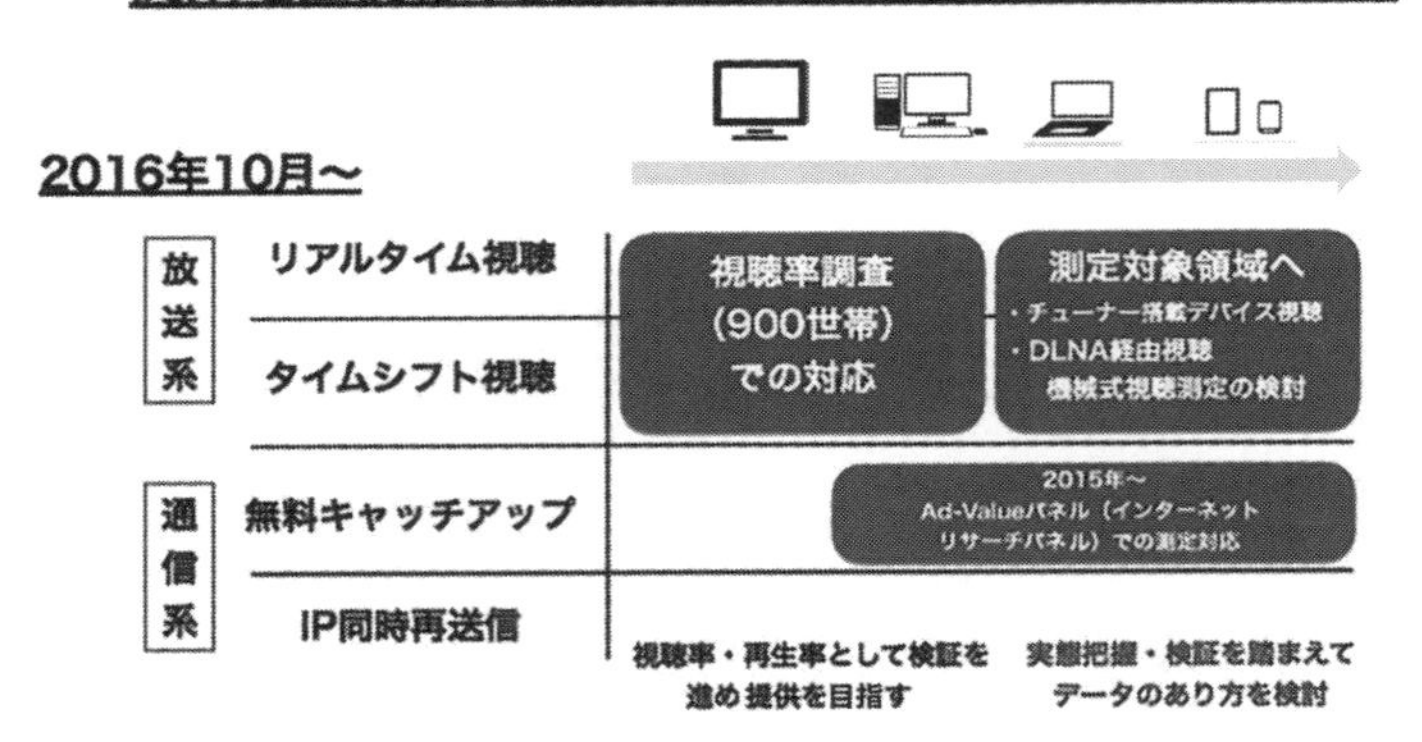

出典：VRフォーラムでの発表をもとに独自に作成

やすやすとは築けない視聴計測の体制

だが業界内でこうした合意ができればすべて済むかというと、ことはそう単純ではない。むしろ解決すべき課題は山積みで、新しい視聴計測の体制が2016年で完成するわけではない。むしろようやく一歩を踏み出したということだと思う。

先ほどのビデオリサーチ社の「これからの視聴計測」では「無料キャッチアップ」つまり見逃し配信サービスについては〝10月までに準備を進める〟となっている。10月にスタートとは書いていないのだ。なにしろ、ネット上でのメディア接触の測定は簡単なことではない。ブログまで含めると無限大に膨大なサイトが広がっている中で、誰がどのメディアにどう接触したかを完全に把握することは不可能と言わざるをえないだろう。世界レベルでも、こうすればいいという標準モデルはできていない。

アメリカでは、ニールセン社が数年間かけて体制を整えるとアナウンスしてきた。先述のとおり、すでにタイムシフト視聴も含めた測定は行われてきたが、ＰＣやスマートフォンなどでのネット経由での視聴も含め、総合的な視聴計測を２０１５年から２０１６年にかけて完成させるとしていた。ニールセン社が最終的になにをどこまでどうやって把握できるようになったかは明らかにされていない。だがそれで完成ということでもないはずだ。少しずつチューニングもしていくと思われる。

このような視聴計測の議論の中で浮上するのが、パネルか実数かの議論だ。

たとえばビデオリサーチ社では、これまで関東で６００世帯を抽出して測定を行ってきた。このように調査する際の抽出した対象をパネルと呼ぶ。６００世帯だけの調査で全体を語れるのかと批判する人もいるが、きちんと日本の人口分布に沿って世帯を抽出しているので〝代表性〟を担保している、というのがビデオリサーチ社としての主張だ。そしてそれが統計学上も妥当なものであり、その分発生する誤差についても同社はきちんとアナウンスしている。この〝代表性〟の担保が同社のノウハウであり信頼の根源だ。

ただネット調査になると６００世帯が９００世帯になっても追い切れない。彼らも

アメリカにおける視聴率計測の範囲　（図表３－⑨）

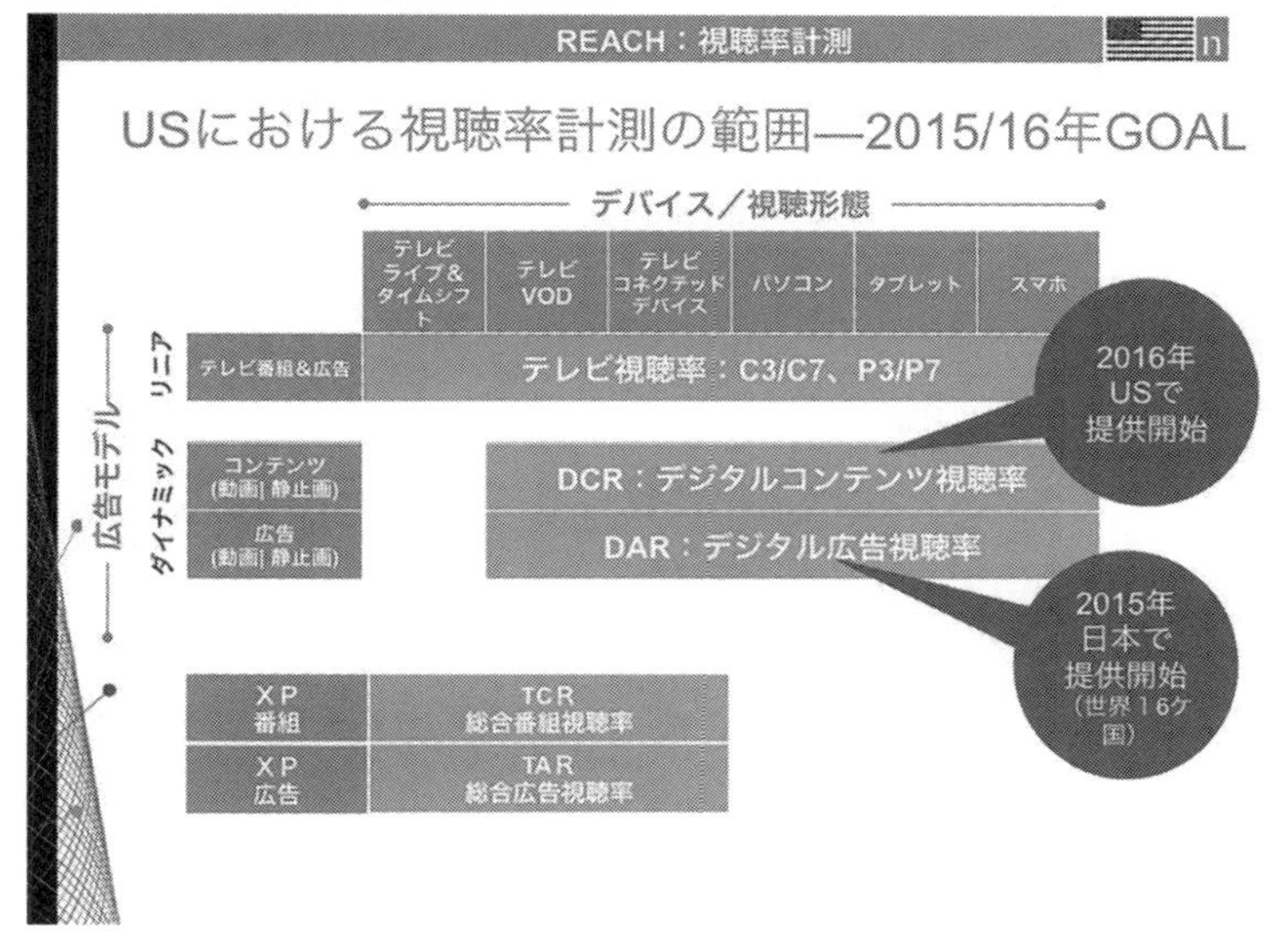

出典：ニールセン

「無料キャッチアップ」については別のパネルを用意するはずだ。というのは、Ｗｅｂは無限大にあるので、９００世帯を1万世帯に増やしてもカバーできそうにないのだ。

そこでこのところ注目されているのがインテージ社だ。同社は企業に対し消費者の〝購買履歴データ〟を提供してきた。5万人規模の調査対象者が、一日になにを購入したかを記録していく。同社では、そのデータを日々収集しているのだ。さらにその対象者のうち3万人程度から、テレビでなにを見たのか、Ｗｅｂではどのサイトを見たのかもログデータとして収集している。ｉ－ＳＳＰ（インテージ・シングルソースパネル）と呼ばれるこのサービスは同一対象者から、メディアの行動履歴と商品の購買履歴を収集している国内最大規模のシングルソースパネルであることから、インテージ社への注目が高まっている。

一方でＷｅｂ広告の計測においては、より多くのサンプル規模が必要になる場合がある。そうなると、実数データも必要になる。実数、つまり特定のサイトやサービスを使う人のデータがまとまって存在するなら、それを調査母数として使うほうがパネルより有効なのでは、と考えたくなる。

インテージシングルソースパネルの概要　　（図表３－⑩）

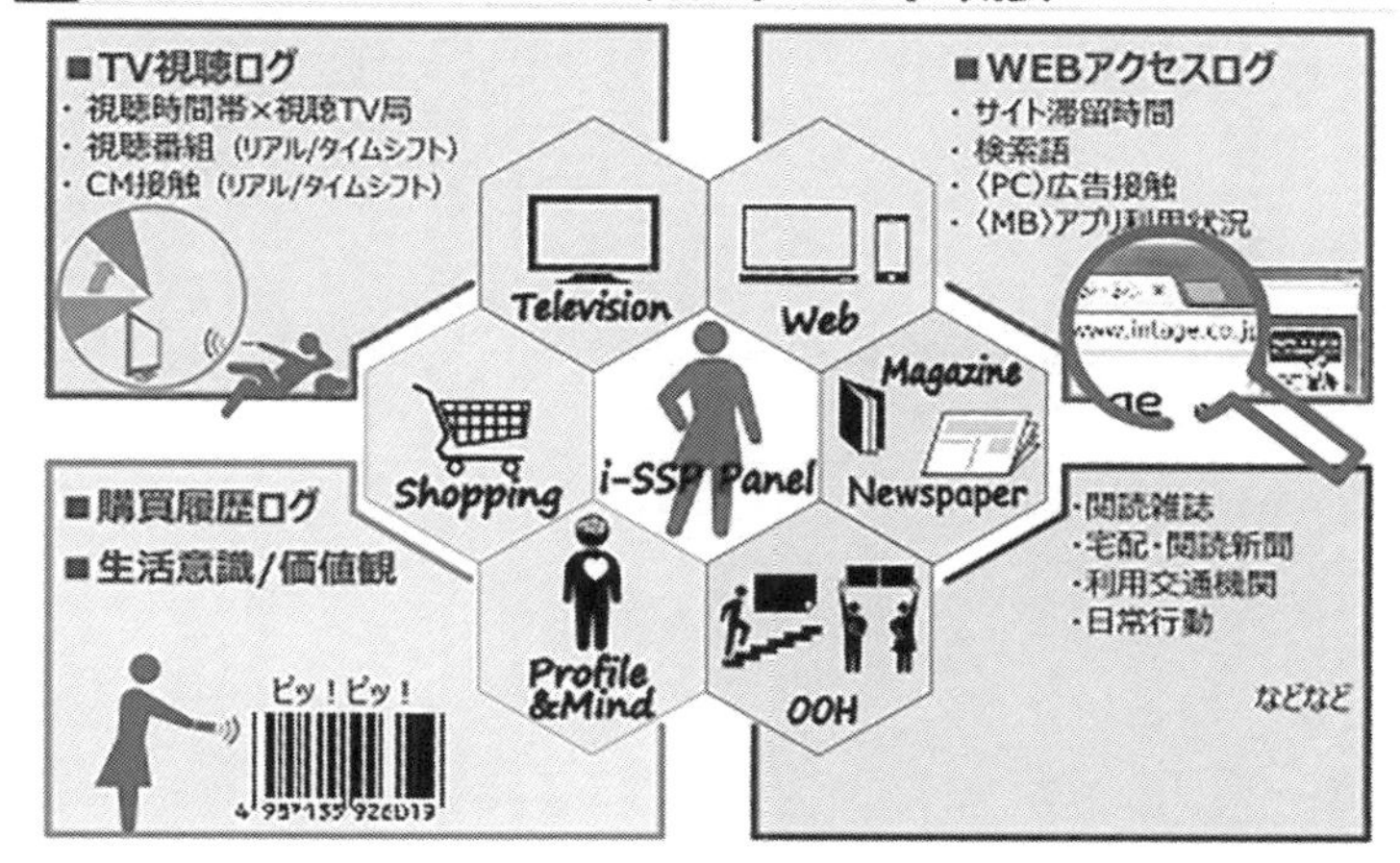

出典：インテージ

たとえばYahoo!には莫大な数のユーザーがアクセスする。そのうえ、その中にはYahoo! IDという会員的な登録をしている人も１０００万人いると聞く。その人たちのネット上での行動が把握できるなら、非常に有効なデータとなるだろう。

ニールセン社はFacebook社と提携している。アメリカではユーザー数が人口の半分にもなるので、十分に有効な実数データとなる。ただし、Facebookを使う人々には全人口から見るとある偏りがどうしても出てきてしまう。そこでニールセン社は、自社で持つパネルデータを使ってFacebookユーザーの実数データを補正することで有効な活用ができているそうだ。

テレビ視聴の実数データで言うと、テレビメーカーが実は大きな持ち主として存在する。ネットにつながったテレビのユーザーの、許諾も得た視聴データがおのずから各テレビメーカーの手元には集まってくる。録画機であれば、どの番組をどこから見てどこでやめてしまったかも克明にわかる。ただ、このテレビメーカーの実数データを使うためには、膨大なデータを整理しなければならない。記録されているだけではデータには意味がなく、使いこなす必要がある。それはそれでまた、大変な作業だろう。その困難に挑みマーケティングに役立つデータを提供する動きも実は出てきている。

こうして見ていくと、視聴計測の手法や体制づくりは並大抵のことではない。さらに、なんと言ってもコンセンサスづくりが欠かせない。いい計測手法が見出せたとしても、今後は、その数値で広告取引をしましょうという業界内外での合意がなければ絵に描いた餅も同然だ。

ネット上の視聴計測の前に、日本ではまだタイムシフト視聴を広告取引に反映させるかどうか、もっと踏み込んで言えばスポンサー企業が録画再生でのＣＭに〝お金を出す〟と認めてくれるかが、決まっていない。新しい視聴計測については、あまりに課題が多くハードルも高いので、日本の業界が乗り越えられるのか心配になってくるが、きっと徐々に整っていくのだろう。なにしろそこが整わないと、ビジネス全体が次の時代に進めないのだ。非常に重要な局面を今、迎えているのだと思う。

新しい視聴計測は、テレビメディアの可能性を広げる

こうした視聴計測が整ったらなにが起こるだろう。本書のテーマである〝拡張するテレビ〟のまさに拡張した姿を写し取ることができるのだ。テレビのメディアとしての可能性が格段に広がるはずだ。

ＦＯＤ（フジテレビオンデマンド）はテレビ局の番組配信サービスの中では珍しく、利用する際に居住する都道府県と生年月を入力させている。これにより、どの番組を何才のどこに住む人がどれくらい視聴しているかが詳細にわかる。そのデータから見えてくるのは、放送が「テレビのおばさん化」に傾くのとは打って変わって、若者たちにテレビ番組が視聴されている姿だ。デバイスと経路をこれまでと変えるだけで、テレビ番組は十分若者にもアピールしている。

であるならば、視聴計測がタイムシフトやネット配信までカバーできるようになると、

各番組が「おばさん化」から大きく解放されるのではないか。もちろん、そうなっても〝主軸〟が放送であることには変わりないだろう。だが世帯視聴率ではパッとしなかった番組が、ネットでかなり見られているとしたら、しかもＦ１Ｍ１層がよく見ているとしたら、その数値は番組の評価に加算される。局内での評価が高まり、スポンサーもその部分を加味してＣＭ取引をするようになる。

テレビというメディアが大きく拡張し、番組も生き生きとしてきそうだ。若い視聴者にとっても、テレビが〝自分たちのメディア〟として浮上するかもしれない。もちろんそのためには、タイムシフト視聴やネット視聴をスポンサー企業が評価し、そこへの広告費の上乗せあるいはシフトを認める必要がある。計測体制が整ったら一気にそうなるわけでもないだろう。数年間かけての変化になると思う。だがとにかく、視聴の〝拡張〟が数値で示せれば確実に企業は予算配分を変えてくるだろう。なにしろ、〝マスメディア〟の役割を果たせるのはいよいよテレビ媒体だけになりつつあるのだから。

このような大きな変化に期待しながら、視聴計測の再構築を見守りたいと思う。

※10
GRP(Gross Rating Point)は直訳すれば"総視聴率"。提供枠ではなくスポットCMの取引に使われる。テレビ局に1000 GRPのCM枠を発注する場合、CMを打つ時間帯の視聴率を合計して1000%になるようにCM枠を確保する。20%の枠を30本、10%の枠を30本、5%の枠を20本で1000%になる、といったやり方。

第4章

二度目の動画広告元年

「動画広告元年」はこれまで何度もやってきた。私がはっきり記憶している中で言うと、２０１４年が明けた時、こう言われた。それが間違いだったとは言わないし、確かにこの年に急激に動画広告市場は伸びている。先述のテレビ局の見逃し配信も広告モデルなので市場を大きく押し上げただろう。

翌年２０１５年にかけても動画広告はさらに成長している。動画広告は基本的にはYouTubeで映像を見る前に出てくる広告枠がメインだった。だが２０１５年にはFacebookなどほかのプラットフォームでも動画広告が盛んになり、スポンサー企業の出稿も広がっている。

それらは言ってみれば「テレビＣＭの代替」だ。若者のテレビ離れに伴い、彼らにリーチするならテレビ放送よりYouTube、という矛先の転換だった。だがここへ来てより本質的なコミュニケーションの変化が、動画によってもたらされようとしている。YouTubeの広告枠のような〝新たなＣＭ枠〟とは別に、広告の役割を持つ動画コンテンツの利用法が変わろうとしており、新しい潮流ができつつあるのだ。ここで事例として挙げるのは一社だけだが、今後の新しい動画広告の使い方のパラダイムシフトを引き起こす可能性があると思う。本章では、その新しいパラダイムを紹介したい。

バズムービーと広告枠はYouTube一辺倒

ネットの普及以来、Web上で広告目的での動画活用はこれまでも多くの動きがあった。2000年代前半にモデルとしてよく語られたのが、BMWのムービーを世界的な映画監督たちがつくった動画だ。映画館で見ても楽しめるレベルの巨額の予算をかけたエンタテインメントに、世界中が驚いた。

その後、企業からWebで動画を流したいという意向は後を絶たなかった。最近でもネスレがかなり本格的なエンタテインメント映像を「ネスレシアター」と題したサイトで配信し、一部で話題を呼んだ。継続的な取り組みで、ブランディングに確かに貢献していたと言えるだろう。

一方で、ソーシャルの時代を反映して、面白さが話題になってシェアされるＷｅｂムービーも数多く出てきた。それらは実際面白く、また商品を押しつけがましく訴求することもないので、エンタテインメントとして楽しめた。企業は自らの商品をネットで印象付けるために、代理店やプロダクションに「バズる動画をつくってください」とオーダーしてきた。

しかし依頼される側からすると、途方に暮れる要望だった。「こうすればバズる」とわかっている人もいないだろう。制作する側も「バズってくれ！」と祈る気持ちで動画をネットに放ち、成功するかどうかは当たるも八卦、ということがよくあった。

その結果、狙いどおりに話題になるものもあったが、大半はネットの海に沈んで埋没していった。それだけならいいが、〝炎上〟してしまうものも出てきて、企業にとっては逆効果に陥る例も出てしまった。また話題になってもそれきり、ということも多い。「あれ見た？○○が△△する動画！」「見た見た！面白いよねえ」「で、あれなんの動画だっけ？」「さあ…？」ユーザーは楽しんでくれたものの、そもそもの目的であるプロモーションになるのか疑問になる。

動画広告は、このようにマーケティング手法としてこれまであまりに稚拙で、悪い言い方をすると〝お遊び〟の域を出ていないものがほとんどだった。なにを目標とするかもあいまいな状態のまま、数百万円でムービーがつくれるなんてやってみたい！ そんな担当者の子どもっぽい欲求を満たすために制作されムダに終わっていった。もちろん短期的な目標を満たし、なんらかのプロモーションに役立った例もたくさんあるだろう。だが〝トライアル〟としてなにかの役に立っても、恒常的な施策として動画広告が定着するには、さらなる考え方の転換が必要だった。そのためには、これまでのマーケティングの構造を見直すところから始めねばならなかった。

メディアオリエンテッドか、コンテンツオリエンテッドか

Ｗｅｂが登場し、広告コミュニケーションでも重要視されるようになった２０００年代、メディアとそこに置く広告コンテンツの関係を見直す議論は盛んに行われた。これまではテレビＣＭがすべての中心で、その中身をつくってからほかの媒体にも展開する考え方が主流だった。だが今や、置かれるコンテンツを中心に捉え直し、そのコンテンツがテレビＣＭにもＷｅｂにも展開される、と考えるべきではないか。

そんな議論が起こるには起こったし、議論されるとテレビＣＭ中心の時代ではない、との結論も出た。だが現実は一向にそうならなかった。テレビＣＭを軸に何億円何十億円もの予算が動いていく大きな流れは、そう簡単には変えられなかったのだ。それに、広告コミュニケーションでなにより求められるのはリーチ力で、Ｗｅｂでちょこまかなにかやってみても、テレビＣＭの圧倒的なリーチ力に対してなにもできなかったとも言える。

一方でこんなこともあった。ある商品のテレビCM制作の依頼が代理店経由で某プロダクションに発注があった。同時に、同じ商品のWeb制作の依頼が同じ代理店から同じプロダクションのWeb制作チームに来た。撮影の際のタレントも同じなのだが、それぞれの作業はまったく別々に進行した。プロダクションで試しに、制作を一緒に進めたら進行や予算がどうなるか見積もってみた。当然だが一緒に進めたほうが時間も予算も少なく済むことがわかった。

だが結局、CMとWebとが一緒に制作されることはなかった。同じプロダクションに来た依頼だが、代理店のセクションは別々だし、スポンサー企業の部署も別々。予算が出てくる元も違うので、一緒に進められないのだった。今聞くと馬鹿馬鹿しく思えるが、つい最近まで、いや今だって、テレビCMを管轄する宣伝部とWeb制作を受け持つ部署とは違う部署だし、下手をすると事業本部が全然違うことが多い。

そんなふうに、テレビCMを中心にした旧来型の宣伝業務と、Webの業務は指揮系統がまったく別々になっていた。コンテンツ中心でコミュニケーションを考えようというのは、お題目としては正しいが、それを具体的に進めるには企業の組織体系を根本的に変える必要があったのだ。

パナソニックで起こった、コンテンツオリエンテッドの革命

2016年2月15日、私はJAAA（一般社団法人日本広告業協会）主催の動画広告フォーラムに参加した。JAAAは電通や博報堂など、旧来型の広告代理店を中心にした業界団体だ。もちろんこれまでのテレビCM中心のコミュニケーションを支えてきたのがこうした代理店であり、それを〝飯の種〟にしてきた。そのJAAAが「動画広告」のフォーラムを開催すること自体が画期的で、変化を予感させるものだが、内容も大変充実していた。会場にはテレビ局で立場のある人々も多く来ており、広告業界全体として、動画広告に注力していこうというメッセージが込められていると受け止めた。

講演のほとんどは代理店所属の人々によるものだったが、パナソニックのコンシュー

マーマーケティング本部コミュニケーショングループ・Ｗｅｂチーム木村知世氏が同社の動画マーケティング事例をプレゼンテーションした。これが際立った内容で、時代の変化を強く感じさせるものだった。衝撃を受けた私は、後日、木村氏に直接取材すべく話を聞きに行った。

木村氏の発表のベースとなる考え方は、まさに先述の「コンテンツオリエンテッド」と呼べるもので、まずそこに衝撃を受けた。これまでのテレビＣＭ中心のコミュニケーションの組み立てから、目的や役割に応じて制作した動画を中心に据えたコミュニケーションに組み替えて実践している。１００本もの動画を制作し、Ｗｅｂサイトでコンテンツになったり、ソーシャルメディアで拡散させたり、店頭で販促ツールとして活用したり、もちろんテレビＣＭでもオンエアしたりと、これまでの発想を大きく変革するものだった。10年前から「これから、こうなる」と言われてきたことが、いま具現化していたのだった。

木村氏は、今はパナソニックのＷｅｂチーム所属だが、もともとは松下電工で〝きれいなおねえさんは、好きですか。〟のキャッチフレーズで展開していた美容商品などのコ

動画コミュニケーション事例 （図表４ー①）

動画の目的と役割

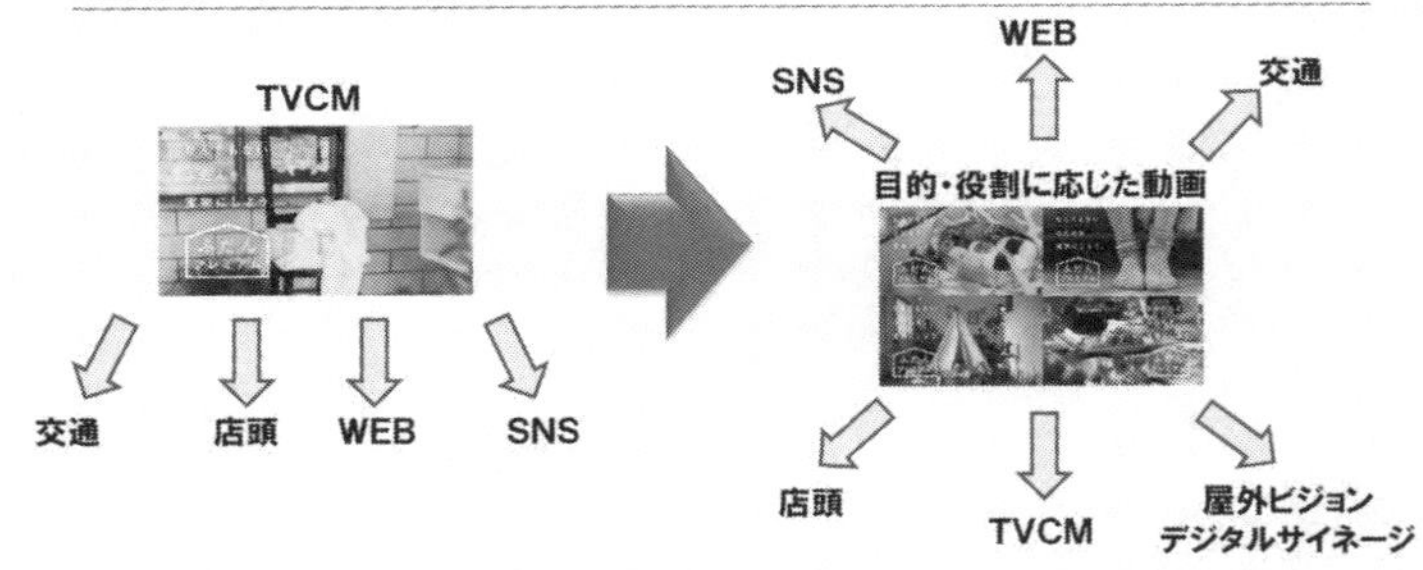

1. TVCM主導のプランニングから、目的・狙い・メディア・タイミングに応じた、動画の役割を活かすプランニングへ。
2. ユーザー視聴環境の変化、デバイスの変化に合わせた動画制作と戦略的な動画の活用。
   ALWAYS ON・・・いつでも、好きな時に、好きな所で、持っているモバイルデバイスで、好きな動画を見る。
3. Owned Mediaのみならず、SNSなど各プラットフォームで積極的に活用。
4. モーメント・・・お客様の関心の高いとき・必要なとき・注目しているときにコミュニケーション。

〔パナソニック 動画コミュニケーションの考え方〕
洗濯機・冷蔵庫・エアコンの白物家電を中心とした“ふだんプレミアム”シリーズの広告で実践している。
出典：パナソニック

ミュニケーション戦略全体を担当していた。松下電工の子会社化に伴い現在のパナソニックに転籍し、白物家電の宣伝を企画するチームに所属して、その後Ｗｅｂチームに移った。つまりもともとは広告宣伝を中心としたコミュニケーション全体を見ており、そのうえでＷｅｂを担当するようになった。おそらくそこは重要だ。マスメディアのこともＷｅｂのことも、両方理解した人材が、今後のコミュニケーションには必須となるし、だからこそ変革を促せたのだ。実際、Ｗｅｂチームに移った後は仲間たちとともに、商品チームや上層部に、データを見せたりしながら、新しいコミュニケーションの必要性を説いてまわったという。

また、アメリカに仲間たちと行ってGoogleやYouTube、Twitter、Facebook、Instagramといった I T企業を訪問して研修したことも大きい。それぞれのソーシャルメディアの特性を知り、それぞれに合った広告づくりと情報の届け方を学んだそうだ。

パナソニックの変革は、広告代理店の変化をも促した。新しいコミュニケーションを進めるにあたっては広告代理店の協力が必要不可欠となる。実際に動画の企画制作を請け負う広告代理店やプロダクションを一社に絞り、新しいノウハウを共有しながら体制を整えていき、デジタルに精通したメンバーに加入してもらったりしながら、すべての動画制作を担ってもらった。だから１００本もの動画はトーン＆マナーがきちんと統一されている。これまでのように、同じ商品のテレビＣＭとＷｅｂ動画が別々の流れで企画制作されると、違う商品かと思うほど別々のトーン＆マナーに仕上がってしまうことはよくあった。木村氏のチームのやり方なら、そんなことは起こらない。テレビＣＭとソーシャルメディアで見る動画と店頭で見る動画が同じ音楽と同じ世界観のトーン＆マナーで心地よくまとめられているので、見る側にもすんなり入ってくる。この当たり前のことが、ようやく実現したのだ。

この変革を実現したのは、スマートフォンの普及が大きい。常にスマホを手にし、テレビがついていてもスマホをいじりながら視聴している。先に広告接触するのはスマートフォンだという前提でもコミュニケーションを考える必要がある。テレビＣＭを見た後、おもむろにＰＣに向かって検索するのとは違う接触経路を想定せねばならない。

木村氏たちの試みは功を奏し、これまではアクセスの大半がＰＣだったのが、スマートフォンからの流入経路が75％と、ＰＣとスマートフォンが入れ替わったのだ。「スマホ

ふだんプレミアム　（写真４－②）

〔パナソニック 動画コミュニケーションの考え方〕
“ふだんプレミアム”シリーズのエアコンを題材にした
HERO 動画「LOVE THERMO # 愛してるで暖めよう」
出典：パナソニック

ファースト」はこれからあらゆる企業の目標となるだろうが、いち早く実現できた。

同社のコミュニケーションは、Googleが提唱する、ユーザーニーズに応じた戦略的な動画コンテンツの活用方法＝３Ｈ戦略を見事に具現化している。３Ｈ戦略は動画の目的と役割に応じて、ＨＥＲＯ（リーチ・認知を一気に稼ぐ）、ＨＵＢ（生活者と絆を深め、継続してつながってゆく）、ＨＥＬＰ（生活者が欲しいと思っている情報を提供）の三つの動画コンテンツに分けコミュニケーションを図る考え方だ。パナソニックの「ふだんプレミアム」Ｗｅｂサイトには、この３Ｈ戦略を具現化した三つの役割の動画が配置されている。

ＨＥＲＯ動画は、時に話題づくりを狙ってバズを引き起こすためにも制作する。パナソニックでは〝ふだんプレミアム〟シリーズのエアコンを題材にしたＨＥＲＯ動画「ＬＯＶＥ ＴＨＥＲＭＯ #愛してるで暖めよう」を制作した。最新のエアコンに搭載されている「温冷感センサー」を魅力的に伝える方法として、人によって「暑い」「寒い」の感じ方の違いが存在することをどう伝えるか、という企画からスタートした動画だ。家族がふだん言えない感謝の気持ちを「愛してる」の言葉に込めて相手に伝えると、体温が平均０・８℃上昇したという実証を本当の家族たちにやってもらうという、誰が見てもじわっと涙が出る動画だ。これを、最も気温が下がる「大寒の日」に世の中にリリースした。商品やメーカーの都合ではなく、最もユーザーに響くタイミングや瞬間にコミュニケーションすることを、「マイクロモーメント」と呼ぶそうだ。これもアメリカでの研修で学んだ戦略。動画タイトルやオンラインリリースの見出しにはハッシュタグを入れ込み、リリースのバズも狙うなど、細かな戦術が張り巡らされている。

こうした試みが功を奏し、「ＬＯＶＥ ＴＨＥＲＭＯ #愛してるで暖めよう」動画は大量にシェアされ、狙った以上に視聴された。

動画コミュニケーション事例　（図表４－③）

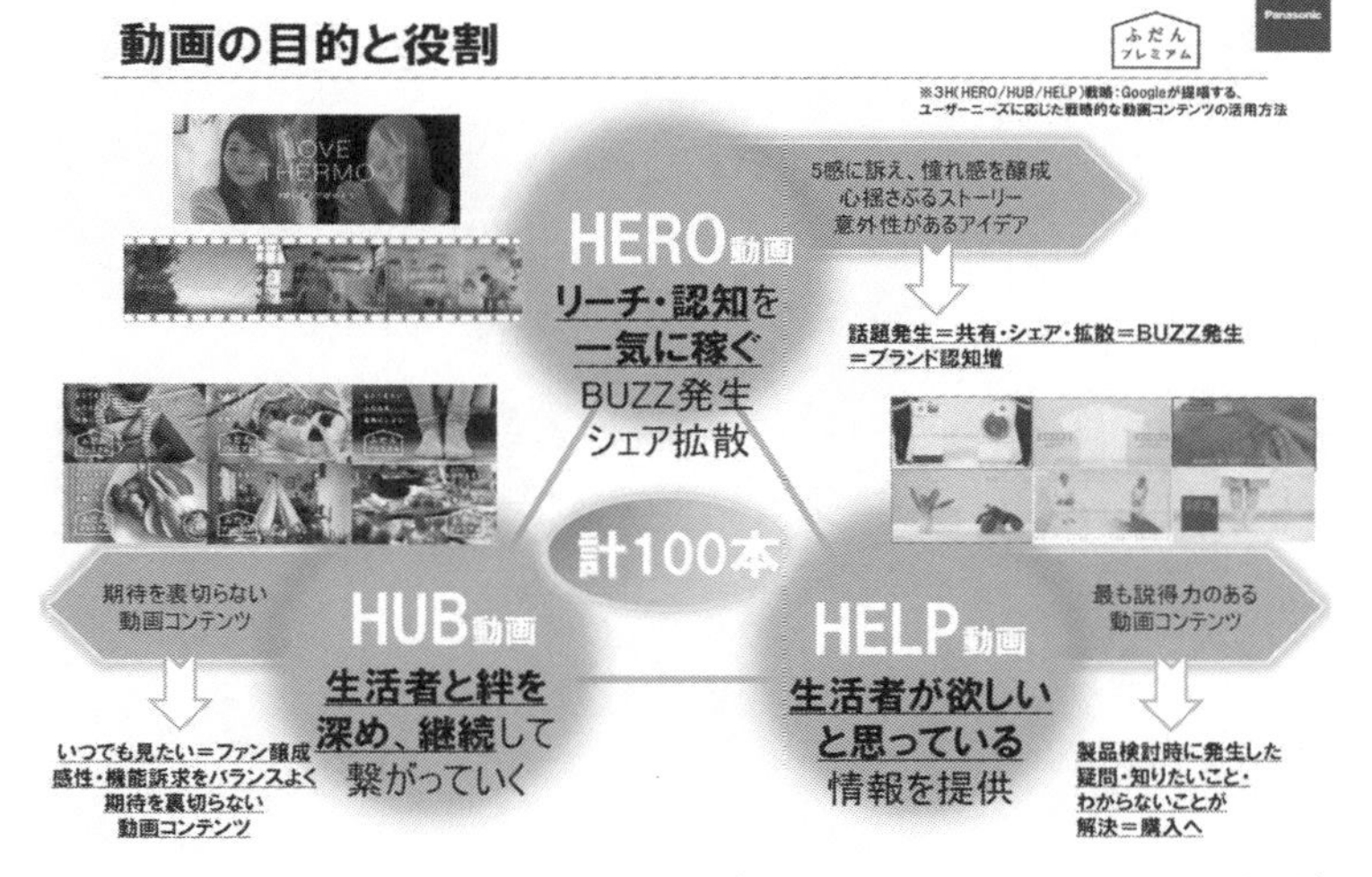

〔パナソニック 動画コミュニケーションの考え方〕

洗濯機・冷蔵庫・エアコンの白物家電を中心とした“ふだんプレミアム”シリーズの広告で実践している。

出典：パナソニック

先ほど、これまでもバズを狙う動画が制作されてきたことを述べたが、なにが違うか。まず、面白ければバズるはずだ、という当たるも八卦的な狙いではつくっていない点だ。面白い動画をつくったうえで、コミュニケーションするタイミングやハッシュタグの活用など、バズらせるための施策を盛り込んでいる。

そしてさらに重要なのが、バズだけを目標にしていない点だ。100本の動画の多くが「ふだんプレミアム」Ｗｅｂサイトに配置され、３Ｈ戦略に則ったコミュニケーションができ上がっている。そのうえで、動画によるバズを成功させればコミュニケーションの〝着地点〟ができているので、ＨＥＲＯ動画を見た後の流れも設計できるのだ。うまくいけば、その後も継続的に「ふだんプレミアム」Ｗｅｂサイトにアクセスしてくれる。そうじゃなくても、「ＬＯＶＥ ＴＨＥＲＭＯ ＃愛してるで暖めよう」がもたらした強い感動と、パナソニックというブランドが強烈に結びついた形で脳裏に残っただろう。

これは、「テレビＣＭとその派生」では達成できなかった強い効果をもたらすだろう。それが、コンテンツオリエンテッドの成果だと思う。メディアオリエンテッドで、テレビＣＭを核にしたコミュニケーションは、瞬間風速の高い印象付けはできた。だが今、テレビという広告メディアと人々の接触が大きく変化している。スマホファーストのコンテンツを核にコミュニケーションを設計しないと、効果的なプロモーションにならないのではないか。

パナソニックで木村氏のチームが試みた手法は、今後のコミュニケーションのすべてではないだろう。一つのプロトタイプであり、どの企業もこれでいいとは言えないと思う。またパナソニックとしても、来年同じとも限らない。木村氏自身も、試行錯誤を重ねてノウハウを積み上げていきたいと言っていた。それぞれの企業なりのトライ&エラーを重ねていくことになる。

重要なのは、これまでの公式が通用しなくなっており、新しい公式はまだ誰も見出せていない、ということを共有しておくことだ。一つなにかをやってみて、うまくいくこと、いかないことを共有して次に生かしていくことが大事だ。

企業コミュニケーションはこれから大きく変化する。その中で動画がどれだけ重要なのか、それぞれ確かめながら進んでいくべきだと思う。そしてそのためには、映像メディアが今後どう変化していくかも見守る必要がある。というのは、テレビのあり方、映像コンテンツの存在価値が変わり、この後で述べる新しい映像配信サービスも次々登場しているからだ。映像のありようが生活の中でどう変化するかを見極めながら、企業も動画活用を考えねばならない。次の章で、その変化の様子を見てみよう。

第5章

新しい映像配信サービスはテレビに取って代わるのか？

インターネット登場以来、「誰でも放送局になれる」とよく言われた。理論的にはそうなのだが、実際には通信の問題が立ちふさがった。２０１０年代に入ると、通信環境もかなりよくなり、映像配信を個人でもできる仕組みが普及していった。その代表例がUstreamだ。Twitterの普及も重なり、Ustreamでのライブ配信がツイートにより拡散していった。

だがスマートフォンの時代になると、徐々にUstreamによる配信は以前ほど盛り上がらなくなってきた。スマホへの対応にあまり積極的ではなかったことが大きい。また気軽に配信できたとは言え、安定した配信をやろうとすると、それなりの設備と人材が必要で、誰でもできるものでもなかった。ニコニコ動画のライブ配信〝ニコ生〟は、そんな中でも独特のユーザー層をコアにしながらスマホ時代になっても安定した存在になっている。

本章では、Ustream衰退後、スマホ時代に対応したり新たに誕生したライブ配信サービスを紹介しながら、ライブ配信の本質とはなにか、放送となにが違うのかも解説したい。さらに２０１６年４月にサービスを開始したAbemaTVについても述べておきたい。

ツイキャスが築く若者コミュニティ

スマートフォンによるライブ配信という分野に絞って言えば、最も前からあった専業のサービスはツイキャスということになるだろう。２０１０年2月にスタートしており、最初からユーザー自身が映像をリアルタイムで配信するためのサービスだった。

開発のきっかけはJokerRacerという、インターネット経由で操作するラジコンカーにあった。ネットを介してラジコンを走らせるには、映像をリアルタイムで見て操作する必要がある。ネット経由でハンドルを操作して時間差があってはいけない。開発者の赤松洋介氏は、時間差をほとんどなしに映像を配信する技術に磨きをかけた。そして気付いたのが、この映像配信技術だけをサービス化したらコミュニケーションに生かしてもらえるのではないかということだった。そして生まれたのがツイキャスだ。

だからツイキャスの価値の根源は、映像配信よりもコミュニケーションにある。コミュニケーションのための映像のリアルタイム配信なのだ。そしてツイキャスにとって決定的だった変化が、スマートフォンのカメラが内側にも付いたことだ。これにより、スマホに向かってしゃべる様子をそのまま配信できるようになった。

ツイキャスで送り手が配信する映像は、決して素晴らしい眺めや、練り込んだドラマではない。送り手自身の顔がずーっと映っているだけである。受け手としては、画面に映っている顔を見ながらしゃべる内容に耳を傾けることになる。ツイキャスはTwitterとの併用を前提として進んできた。Twitterアカウントでログインでき、自分のフォロワーたちに配信開始の告知が届く。「モイ！」というツイートが発信される（モイはフィンランド語で「こんにちは」の意味で、ツイキャス運営会社の社名にも使われている）。受け手は映像を見ておしゃべりを聞きながら、時にはTwitterで送り手にメッセージすることもできる。

ツイキャスは特に宣伝活動をしていないのだが、口コミだけで広がりユーザー数1000万人を超えている。配信を受けるだけなら登録はいらない。だが自分が配信するなら登録が必要だ。ということは、配信を自分でやろうとしたユーザーが1000万

ツイキャス・ユーザー数の増加　（図表5－①）

口コミだけで、登録ユーザーは年々倍増

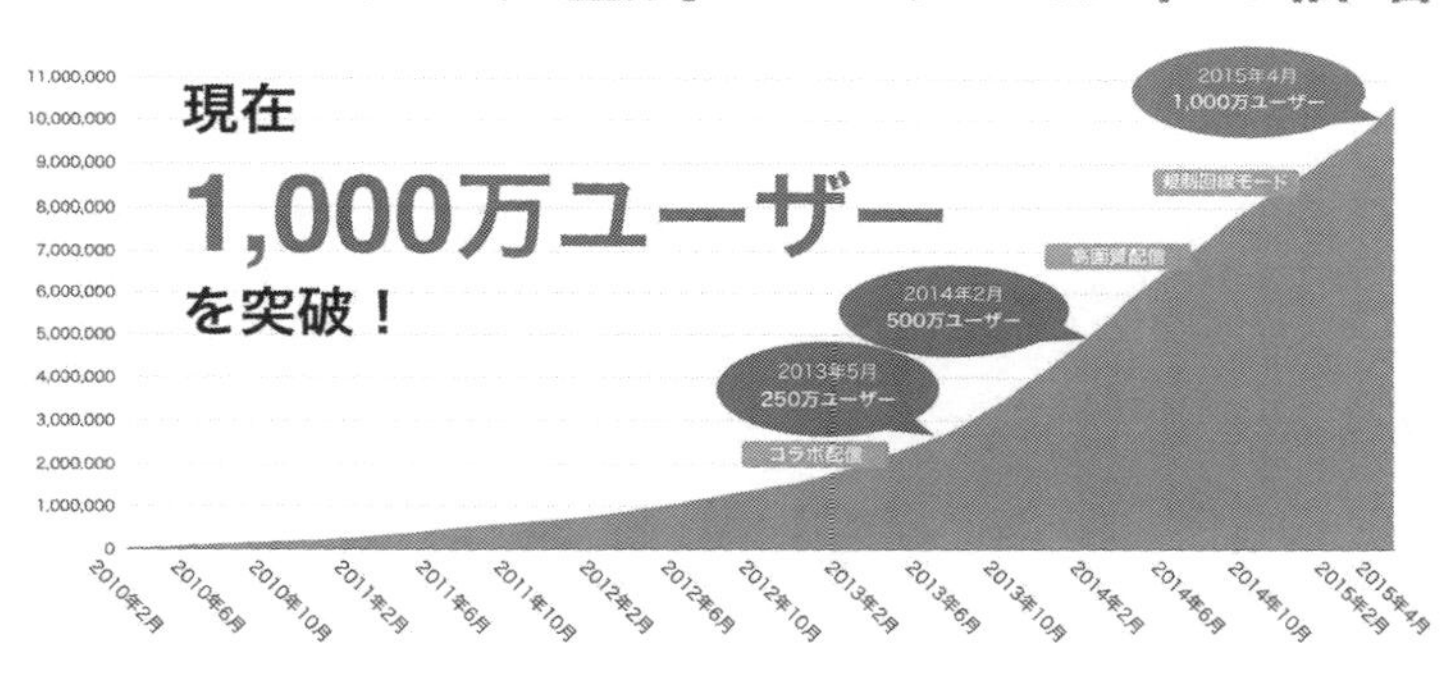

出典：モイ（ツイキャス運営会社）

人いるということだ。

ツイキャスの自社資料によれば、ユーザーの60％が女性で、24才以下が55％だ。つまり若い女性がメインユーザーで、女子高生の比率も高い。中高生の生活の一部にすっかりなっているという。ユーザーの中には、当初から使っていたロンドンブーツ1号2号の田村淳氏や、きゃりーぱみゅぱみゅ氏、SEKAI NO OWARIのfukase氏など若者に人気の著名人が多い。また、YouTuberのように、ツイキャス上で人気者になって中高生の間で有名になるユーザーも出てきている。

試しに配信をしてみると、あっという間

に数十名の視聴者が集まってきて、「初見です」などとコミュニケーションしてくる。この「初見」とは、ツイキャス内で「初めて配信を見ている」意味で使われる言葉だ。Ustreamなどでは、配信をしても視聴者を集めるのはなかなか大変だったが、ツイキャスではすぐに集まる。常に〝面白そうな配信〟を探しているユーザーがたくさんいる、ということだ。

となると、変なユーザーが出てきて荒らしまわったり、あやしい世界に引きずり込もうとしたりしないか心配になる。ツイキャスを運営するモイ社は、この点には重々気を配っており、常に各配信を巡回しているそうだ。また、おかしな人、変な人がいたら通報してもらうよう呼びかけている。実際に通報は時折あるし、警告を発する。それでも反省しないようなら、アカウントを即刻停止する方針で、停止を受けた例はこれまでもかなりあるそうだ。

１０００万人ものユーザーがいて中高生の生活に浸透しているとなると、きっとビジネス的にも伸びていると誰しも考えるだろう。だがツイキャスのビジネスモデルについて聞くと、ＰＣサイトに置かれているGoogleの広告枠ぐらいだという。これには驚いた。

モイ社のオフィスにも取材に行ったのだが、妙に広い部屋の半分に20名程度のデスクが置かれているだけで、非常に簡素だ。残りの半分は今後人数が広がってから使うとのことで、なんにも置かれていない。「儲けてやる、ＩＰＯするぞ」というような、ＩＴベンチャーにありがちな〝野心〟がまったく感じられないのだ。

同社の事業企画で広報などの業務をしている丸吉宏和氏によれば、社員のモチベーションはユーザーに心地よくコミュニケーションしてもらうことだそうだ。外部向けに飾ったことを言っているのではなく、丸吉氏自身がそのことの価値を心底大事にしていることが伝わってくる。おせっかいながら、もう少し〝儲ける〟ことを考えても良いのではと心配したくなってしまうほどピュアだ。

ユーザー数が３０００万人を超えたら本格的なビジネスを考える。そんな目標を共有しているそうだ。海外のユーザーも増えており、３０００万人は十分現実味のある数字だ。その目標を達成したら、実際にどんなビジネスを組み立てるのか、今から期待してしまう。

開始から3カ月で累計1億人を突破したLINE LIVE

ライブ配信がにわかに注目を集めるようになったのは、ＬＩＮＥがスタートさせた新サービスの影響が大きい。ＬＩＮＥ ＬＩＶＥの名称で開始したのは２０１５年12月だった。ＬＩＮＥユーザーならすぐにアプリをダウンロードして使うことができる。国内で５８００万人のユーザー基盤を持つＬＩＮＥなので、またたくまに視聴者数は広がった。毎日の配信では早くも数十万の視聴者がつき、１００万人を超える番組も出てきた。数週間ごとに発表される累計視聴者数は１０００万人単位で増加し、3月半ばにはついに累計1億人を超えたと発表された。

ＬＩＮＥ ＬＩＶＥがこれほど急激に視聴者数を伸ばせた理由は、なんと言っても「通知」機能にある。ＬＩＮＥ上に「ＬＩＶＥ」というアカウントができており、フォローしておくと配信のスタートを通知してくれる。たとえば現状では毎日ランチタイムに「さしめし」というトーク番組が配信される。その通知が正午前に毎日届くので、お昼休みのリラックスにちょうどいいのだ。テレビでは各局がお昼休みを意識した情報番組を放送しているが、それと似ている。スマートフォンに慣れ親しんだ世代には、新しいランチタイムの過ごし方として定着するかもしれない。

ＬＩＮＥとして配信している番組は一部で、すでに各種アカウントから独自の番組配信が行われている。開発の中心人物、ＬＩＮＥ執行役員・佐々木大輔氏によれば、自分たち自身の番組配信が目的ではなく、アカウントを持つアーティスト・タレントや企業に使ってもらい、ゆくゆくは一般ユーザーも番組配信ができるようにするのが目標だという。莫大な視聴者数を見ると、ＬＩＮＥ自身がテレビ局のような存在になりたいのではと推測してしまうのだが、佐々木氏の話からはそういう〝野心〟は感じられない。

ＬＩＮＥの付加サービスとしてＬＩＶＥＣＡＳＴという映像配信の機能があり、なかなか好評でたくさんの人が使ってくれることがわかった。そういうニーズがあるのなら独立したサービスとして起ち上げてみよう、というのが開発意図で、それ以上でも以下でもないという。ＬＩＮＥとしてはあくまで、コミュニケーションしてもらうことが最も大事にしていることで、そのために映像配信が役立つのなら提供しよう、という考え方だ。

佐々木氏は、ライブ配信はほかにもあるが、メッセージサービスが映像配信をしていることに価値があり、ほかには見当たらないと独自性を強調する。

これを使って音声をやりとりしてもらうのがよければ、それも一向にかまわない。映像かどうかより、コミュニケーションに役立つかどうかが重要だというのだ。一般ユーザーにも使ってもらえるようになったら、たとえば結婚式を配信し、会場に行けなかった人に映像を通じて参加してもらうような使い方を想定している。配信中に♡ボタンを押すことでライスシャワーの代わりになるのではないか。そう熱く語る様子は、ツイキャスについて語るモイの丸吉氏と重なった。

結婚式とライスシャワーの話は、ＬＩＮＥ ＬＩＶＥの本質を象徴していると感じた。タレントやアーティストが配信をする場合、テレビ番組を放送することと一見すると似ている。だが、タレントとファンによるコミュニティがそこにはあり、メッセージを交わし合う延長線上にライブ配信があるのだろう。テレビ番組と同じように芸や楽曲を映像で送り届けるにしても、そこにあるのは〝ファンと共感する場〟としての配信ということになる。まるで意味合いが違ってきそうだ。

ただ、ＬＩＮＥ ＬＩＶＥの場合、数十万人、数百万人が集うライブ配信が比較的簡易に成立してしまうのはこれまでにないことだ。Ustreamでは、著名人が会見やライブを行って数万人集まると、すごいぞ！と評判になった。UstreamはＰＣベースのサービスで、ライブ配信を視聴するのにどうしても〝構える〟ことになる。Twitterで配信を知って、ＰＣの前に行き、ＵＲＬから配信サイトに行く、という二つ三つのステップが必要だった。

ＬＩＮＥ ＬＩＶＥはポケットにあるスマートフォンに「通知」が届いたら、その通知タグを押せば瞬時に視聴が始まる。ほぼ一ステップだし、スマートフォンベースのサービスだと、〝個人と個人〟の感覚だ。佐々木氏の言う「メッセージサービスによるライブ配信」の意味はそこにある。漠然と大勢に対して映像配信するのではなく、〝自分に〟配信してくれる感覚になる。

ＬＩＮＥ ＬＩＶＥによって、テレビ放送のポジションを奪おうという魂胆は佐々木氏ら開発陣には毛頭ないのはよくわかった。だが特に若い世代、ＬＩＮＥをインフラとして日常的に活用している層にとっては、〝テレビより気軽で身近なテレビ〟のような存在になる可能性は高い。結果的には、テレビ放送が占めていた座の一部に取って代わるのではないか。

テレビ放送とライブ配信はなにが違うのか？

ＬＩＮＥ ＬＩＶＥがテレビ放送のポジションを、ということを書いたが、そもそもテレビ放送とライブ配信はなにが違うのだろう。それを考えると、映像メディアの社会的役割はなにか、ということにまで考えが及んでいく。

放送とライブ配信の違いを、図で描いてみたものが（図表５－②）だ。

放送とは、基本的には電波を通じて映像を送信するもので、特定の地域に対して不特定多数を対象に送り届ける。また基本的には朝から晩までとか、午後のみなど、放送局の方

放送とライブ配信の違い　（図表５－②）

放送とライブ配信は似ているが違う

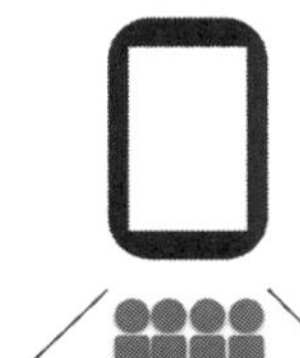

エリアに向けて
ずっと映像を送信

放送

日常性・公共性

特定の人々に向けて
ある時間に映像を送信

ライブ配信

イベント性・ファン性

出典：著者作成

針により決まった時間、番組を送信し続ける。地上波テレビは今や、24時間途切れることなく放送している。

ライブ配信は、電波ではなく通信経由で映像を送る。だから地域別ではなく、ネットがつながるならどこにいても映像を受信できる。そして、基本的には「一つの番組」のみだ。特定の時間から、特定の時間数配信する。そしてそれを、なんらかの形で特定の人々に告知する。

放送はおのずから、日常的な活動、毎日行っていることになる。また公共性も自然と帯びてくる。これは電波を使用するのに公な許認可が必要となるためでもある。

ライブ配信は、逆にイベント性、ある日のある時間に特別なこととして、映像配信が行われる。そして特定の人々、多くは配信する人物やグループのファンを対象にしている。

第3章で博報堂・加藤氏の「メディア接触の緩急差の拡大」論を紹介した際、そうなると「放送」という形態がこの緩急差にハマりにくくなっていると述べた。映像を送る側が決めた時間に特定のデバイスの前にいることを強いるのは、今は無理が出てきているからだ。

ライブ配信も、時間を決められてしまうのは、放送と同じだ。だが決定的に違うのは、告知だと思う。ＬＩＮＥで言えばアプリによる「通知」。ツイキャスでは、「モイ！」というツイートが必ず発信されること。

「緩急」の「急」つまり慌ただしく情報に次々接触している中で、「通知」や「モイ！」のツイートを受け取った時、その発信者が自分にとって近しい存在であれば、リスペクトの対象であれば、いつものコミュニティに参加できるのであれば、「緩」のスイッチが入り、ライブ配信を視聴するのだと思う。つまり、発信者と自分との関係によるのだ。ＬＩＮＥで言えば、興味あるアカウントだから登録しているわけで、視聴への意欲は多少なりともあるはずだ。

こうして考えていくとライブ配信は、放送とはまったく違う映像配信手法というより、スマートフォンの時代に合わせた放送の進化形だと捉えることもできそうだ。茫洋と不特定多数に向けて映像を送ろうとする放送より、視聴の可能性が高い対象をあらかじめ囲い込んでおいて、確実に配信開始を告知するライブ配信のほうが、映像の送り手、受け手、双方にとって満足できる形式なのかもしれない。

テレビ放送とライブ配信が手を結ぶ動きも

ではライブ配信はテレビ局と敵対してしまうのかというと、そんなことはまったくない。むしろ、互いに協力しようという具体的な動きをしている。

フジテレビは、２０１５年7月期の月９ドラマ『恋仲[※11]』の最終回で、ツイキャスを使った視聴者サービスを行った。ドラマに出演した役者、太賀氏と大原櫻子氏が放送中にツイキャスを使って二人でおしゃべりする様子をツイキャスで配信したのだ。『恋仲』は特に若者の間で非常に話題になり、10代の視聴者も多かったようだ。ツイキャスが中高生の間で浸透してきたこともあり、ライブ配信は大変に盛り上がった。最大同時視聴者数は5万人を超え、総視聴者数は17万人にもなった。ツイキャスは配信を見ている者同士で活発にTwitterでのやりとりが行われるので、4万3000件近くのコメントが飛び交った。

二人のおしゃべり自体は、これまでよく副音声で行われたような、ドラマに関する他愛のない会話だが、それがツイキャスにより可視化され、Twitterでホットになることで、大きな波及効果をもたらしたようだ。

同様の企画は、2016年1月期の日本テレビ系で木曜深夜に放送された『マネーの天使』でも行われ、吉本興業のスタータレント、小薮千豊氏らによるライブ配信が盛り上がった。ツイキャスの活用は、テレビ番組盛り上げ策の一つとして定着しつつある。

LINE LIVEも、2015年12月のサービス開始直後、12月30日放送のTBS『第57回 輝く！日本レコード大賞』でコラボ企画が行われた。テレビ放送の直前まで出演アーティストの様子をライブ配信し、舞台裏のホットな姿を生々しく伝えた。この時は視聴者数が100万人を突破し、大いに盛り上がる配信となった。噂で伝わってきた情報では、10代の視聴率を押し上げ、世帯視聴率にもプラスに働いたという。

これまでテレビ放送にネットを使った施策は数多く行われてきたが、なかなか視聴率アップにはつながらなかった。視聴率を左右するには、ネットで集まる人数は足りなさすぎたのだ。ところが、ＬＩＮＥ ＬＩＶＥは１００万人を超える人々を集める。テレビ放送との相乗効果は互いにとって、良い効果をもたらすかもしれない。

ライブ配信は、人々と映像の関係を変える可能性がある。そしてテレビと影響しあい、それぞれにとっての新しい価値も生み出しそうだ。スマートフォンの時代ならではのライブ配信は今、始まったばかりだ。

ネットとテレビが力を合わせて誕生したAbemaTV

ここまでライブ配信サービスを中心に語ってきたが、最後にAbemaTVについても触れておきたい。放送とライブ配信の違いを説明し、放送は時代に合わないのではと書いたわけだが、AbemaTVはネットで放送を行うモデルであり、私の論を覆すようにロケットスタートを遂げている。その背景にはどのような戦略があるのか。

２０１６年4月11日に正式スタートしたAbemaTVは、ネット専業の広告会社サイバーエージェントとテレビ朝日の合弁事業である。サイバーエージェントの藤田晋社長がテレビ朝日の早河洋会長と意気投合して取り組むことになったと、業界でも前々から評判だった。２０１５年3月末に株式会社AbemaTV設立を発表したが、その半年前から一年半かけて準備してきた。

20以上のチャンネルを24時間放送するAbemaTVは、藤田社長が構想した新しいメディア像をテレビ朝日の制作力で具現化したものだ。メインとなるチャンネルはAbemaNewsで、立ち上げるとまず画面に出てくる。ニュースチャンネルを真ん中に据えたのも重要なポイントだ。これにバラエティ中心のAbemaSPECIALを含めた二つのチャンネルは番組の制作をテレビ朝日が担っている。それ以外にＭＴＶやスペースシャワーなどの音楽チャンネル、ドラマやアニメのチャンネル、ペットや釣り、麻雀など多彩なチャンネルが揃う。

テレビ朝日が制作するチャンネルでは、地上波放送との連携も盛んに行われる。スタート初日がちょうど『報道ステーション』に新キャスター・富川悠太アナウンサーが初登場する回と重なり、『報ステ』直前にAbemaNewsに富川アナが出演した。深夜番組『お願い！ランキング』は地上波での生放送と連動した内容をAbemaTVでも放送する。テレビとネットの融合がまさしく具現化している。

AbemaTVが存在感を示したのが、スタート週に起こった熊本地震だ。外出先で地震発生を知った人の中で、最新状況を映像で見たいとAbemaTVを使った人がかなりいた。また被災地でも、テレビが視聴できない中で使った人が多かったようだ。「スマートフォンで視聴できる放送」の価値がはっきり伝わった。

熊本地震を一つのきっかけとしながら、その後も若者層を中心に視聴が広がっていった。番組もさることながらインターフェイスが非常によくできている。20ものチャンネルを、スワイプで次々に行ったり来たりできる。テレビで言うザッピング感覚をスマホでうまく再現できているのだ。藤田社長によれば、一年半の準備期間のうち1年3カ月は、このＵＵＩ（ユーザ・ユーザ情報）の開発にかけたという。いくつものモックをつくり直し、最終的に今の形に行き着いた。その使いやすさもあってかダウンロード数はぐんぐん伸び、5月3日には２００万ダウンロードに達したことを発表した。

藤田社長にインタビューする機会があったのだが、なぜ放送だったのかを聞くと、こう答えた。

「これまでに、アメスタという子会社でオリジナルの番組を配信していまして。タレントベースで人が集まるんですけど、その後は〝解散〟するだけなんで、意味ないんですよ。滞留しないと意味がない」

単発の映像配信で人を集めることはできるが、それだけでは〝メディア〟にならないと言っているのだ。ここには、ＬＩＮＥがＬＩＮＥ ＬＩＶＥという映像配信サービスをスタートさせたこととの、目標の違いが現れている。ＬＩＮＥ ＬＩＶＥがＬＩＮＥユーザーのコミュニケーションのために生まれたのに対し、AbemaTVは〝メディア〟を目指している。

メディアとサービスの違いが、そこにある。同じ映像配信でもAbemaTVの目標は明らかにスマートフォン上のテレビであり、常に番組を放送するからこそ人が常時〝滞留〟してくれる。藤田社長は「惰性で見続けてもらえるものを目指す」とも言っていたのだが、これまでのテレビはそうだったし、だからこそメディアたりえた。世の中に影響力を及ぼせたし、力強い広告ビジネスも成立した。

AbemaTVは、10代20代のテレビを見ない層に向けたものだったのだが、始まってみると30代の男性が中心だという。これは私の推測だが、AbemaTVはスマホ上での若者層向けのテレビを具現化できたからこそ、10代まではテレビを見ていた30代になじんでいるのだと思う。これまで地上波テレビに出て知っていたタレントたちが、地上波よりのびのびやっていることに共感できているのではないか。10代20代はそもそも、テレビによく出るタレントにあまりなじみがないのだと思う。だとしたら10代20代にも見てもらうためには、このメディアにふさわしい新しいスターが必要なのかもしれないし、スターを生むための新しい番組がいるのかもしれない。

『オレたちひょうきん族』が１９８０年代の若者たちの心をつかみ、明石家さんまをスターにしたように、『進め！電波少年』に１９９０年代の若者たちが熱中し、猿岩石の世界一周に共感したように、新しいメディアにはその時代の若者の支持を得る新しいスターが登場する。AbemaTVが本当の意味で今の若者のテレビになるには、そういう番組とスターが必要なのだと思う。そして『ひょうきん族』と『電波少年』がそうだったように、そういう番組は計算からは生まれないのかもしれない。ただ、AbemaTVにはそういう存在が登場する予感も漂う。人々がやって来るメディアには、理屈を超えた魅力が生まれるものだと思う。

※11
福士蒼汰と本田翼が主演した『恋仲』はティーンエージャーが憧れるピュアな恋愛を描いて熱狂的なファンを生んだ。視聴率は芳しくなかったが、月９久々の恋愛ドラマとして話題になった。

第6章

ソーシャルテレビ再び

２０１１年から２０１２年にかけて、ソーシャルテレビという概念が浮上した。いろいろ意味があるが、シンプルに解釈すると、テレビを見ながらTwitterでつぶやく行為だ。サッカーの大きな試合などで、ゴールの瞬間Twitter画面に「ゴール！」のつぶやきが一斉に並ぶ。得点した喜びを見知らぬ視聴者同士で共有することができるのだ。そして、その放送を見ていない人を呼び寄せて視聴率が上がる効果があるのではないか、との期待もテレビ局にはあった。実際にテレビ局は様々な試みに取り組んだが、視聴率が明確に上がる魔法のような公式は存在しなかった。やや興味が下降したソーシャルテレビだが、２０１５年以降はもっと落ち着いた視点での活用が少しずつ出てきた。この章ではソーシャルテレビにまつわるこの数年の様子を書いていきたい。

Twitterの普及とともに浮上したソーシャルテレビの概念

日本でTwitterはＩＴに強い人々の間で使われ始めたが、２００９年から２０１０年にかけて、さらにその周辺の人々に広まっていった。私も２００９年の秋にとりあえず登録し、最初はなにをすればいいのかわからなかったが徐々に要領がつかめて、ブログとセットで自分のコミュニケーションを広げていった。

Twitterの使い方を心得ると、テレビとの相性のよさにすぐに気付いた。テレビを見ながら感じたことをつぶやくと、同じ番組を見ている見知らぬ人から反応が得られるのだ。その頃のTwitterの空気は今よりずっと穏やかで紳士的だった。親しげに、でも礼儀はわきまえたやりとりを、同じ番組を好む人たちとするのは楽しいコミュニケーションだった。

また、サッカーの試合などで興奮を大勢の人々と共有する楽しさも知った。私はさほどスポーツ観戦が好きではないのだが、一斉に「ゴール！」とつぶやく瞬間に参加したくて、けっこう見るようになった。あるいは、電車の中でもサッカーの試合中には突然タイムラインが「ゴール！」で埋め尽くされたり、試合経過がツイートでわかったりしたのも面白かった。こうした共有は＃（ハッシュタグ）を使うことで容易にできる。「＃番組名」を検索すれば、今この瞬間に同じ番組で盛り上がっている〝同志〟のツイートが眺められるのだ。

Twitterをはじめとするソーシャルメディアが登場したことで、ネットの世界とテレビ放送が強く結びつき始めたと私は感じていた。〝メディア〟にとってリアルタイム性は非常に重要だと思う。テレビは、映像という〝時間〟を伴う媒体なので、より一層リアルタイム性が重要になる。テレビに映っている瞬間と視聴者の瞬間は同期できるのだ。

メディアとは、「今なにが起こっているかを知る窓」ではないかと考えている。この「今」はメディアによってカバーしている時間の幅が違う。新聞だとこの一日の間、ということになるし、月刊誌だとこの一カ月間になるだろう。そういう長い時間幅のメディアも生活の中で必要だが、やはりもっと「現在」に近い「今」をメディアには求めてしまう。テレビには「今この瞬間」を伝えるリアルタイム性がある。それがソーシャルメディアにもあるのだ。「今この瞬間」を共有できる点で、テレビとソーシャルメディアには強い相乗性がある。それを合わせた「ソーシャルテレビ」にはそれぞれの力を高めパワーを付ける予感がした。そして長らく言われてきた「テレビとネットの融合」の具体化がソーシャルテレビなのではないか。

ソーシャルテレビの力を思い知らされたのは、あるアニメ映画のテレビ放送だった。

「バルス祭り」が喚起したソーシャルテレビへの注目

２０１１年12月のある日、私のTwitterとFacebookのタイムライン上に「バルス」という言葉が流れてきた。日中から出没した「バルス」は夕方にかけて徐々に増えていく。どうやらその夜に放送されるアニメ映画『天空の城ラピュタ』に関係するらしい。私は学生時代にこの映画を映画館で観て非常に印象に残っていたはずなのだが「バルス」がなにかわかっていなかった。

夜の放送を迎えるまでには、「バルス」の正体が最後に主人公の少年と少女が二人で唱える滅びの呪文であること、前回の『ラピュタ』の放送時には主に2ちゃんねるで放送と同時に大勢が「バルス」と書き込んで盛り上がったこと、今年はTwitterで一斉につぶやこうと秘かに示し合わせていることなどがわかった。私のソーシャル上の友人たちも、20代30代の若い層は「バルス祭り」に備えようとしており、そのやりとりが私のタイムラインに出てきていたということだ。

後から聞いて知ったのだが、この30才前後の世代には特有の「ラピュタ体験」があるそうだ。物心ついた頃から二年に一回日本テレビが『ラピュタ』を放送し続けてきたため、小学校高学年になると細かなセリフやシーンをみんなが知っており、友達とよく真似をしたらしい。特に悪役のムスカ大佐のセリフは人気で、上から群衆を見ると「見ろ人間どもがゴミのようだ」と言って遊んだという。極め付けが「バルス」で、二人並んで手に石を持って声を合わせて言うのが流行ったそうだ。その世代が大人になってネットを使えるようになると、『ラピュタ』の放送に合わせて「バルス祭り」をしてきたのだ。

彼らがTwitterを使うようになって初めての『ラピュタ』放送が２０１１年12月にやってきた。それは俄然盛り上がるというものだ。かくて、この夜の放送は予想以上の「バルス祭り」が日本中の若いTwitterユーザーの間で巻き起こった。私も夜までにバルス祭りの知識を得たので一緒にツイートしたが、その瞬間はすさまじい状態となり、Twitterのサーバーがパンクしたようだった。その後知った数値は、２万５０００ＴＰＳ（Tweets Per Second・一秒間のツイート数）というもので、一秒あたりのツイート数の世界記録を更新した。

そして注目だったのが視聴率だ。この日の放送の番組平均視聴率は15・９％で、前回の15・４％をわずかだが上回った。ソーシャルテレビは視聴率を上げるのではないかと、テレビ局が俄然注目することになった。

セカンドスクリーンとテレビアプリの出現

ソーシャルテレビ現象はもちろん、スマートフォンの普及とセットだ。テレビを見ながら手元のスマートフォンでTwitterを使う視聴スタイルが出てきて、サッカーの試合に興奮して「ゴール！」とつぶやくことができる。このように、テレビを視聴しながら操作するスマートフォンを、セカンドスクリーンと呼ぶ。テレビがファーストスクリーンなら、スマートフォンはセカンド、二番目のスクリーンという意味だ。これを若い人に言うと、「スマホがファーストで、テレビのほうがセカンドスクリーンですよ」と言われてしまうのだが。

セカンドスクリーンとして使う際、スマートフォン上で使うアプリはTwitterが多いが、ほかのＳＮＳを使うこともあるし、番組に出てきた情報を検索することもよく行われる。スマートフォンを使いこなす人だと、慌ただしく何種類ものアプリを次々に使い分けながらテレビの内容もきちんと追う、千手観音のような視聴をするようだ。

そうした現象を踏まえて、テレビ視聴用のアプリが２０１１年には次々に登場した。最も代表的だったのが、ジェネシックス（現在は親会社ＶＯＹＡＧＥ ＧＲＯＵＰに吸収合併）が開発したTuneTVというアプリだ。放送中のどのチャンネルでTwitterが盛り上がっているかを棒グラフ上に表示し、その中からチャンネルを選ぶと、その番組についてつぶやいているツイートが表示される。ソーシャルテレビを楽しむことに特化したアプリ

TuneTV の画面　（図表 6 ー①）

出典：VOYAGE GROUP

だ。

非常に近い機能で、Twitterの盛り上がりを色で示すアプリ、みるぞうも同じ時期に登場した。ニフティ社が開発したもので、TuneTVと並んで代表的なソーシャルテレビ用アプリとして知られるようになった。ほかにもアライドアーキテクツ社のピーチクや日本テレビが開発したwiz tvなど、百花繚乱の状況となった。

こうしたアプリは海外でも多様に世に出ていた。最も成功したと言われるのが、イギリス発のzeeboxだろう。アメリカとオーストラリアにも進出し、それぞれの国でテレビ局と提携して運営した。テレビを見ながらセカンドスクリーン上でやりたくなるあらゆることのニーズに対応したうえで、テレビ局と連携してＣＭ放送中に同じ商品のバナーをアプリ上でも表示することが可能だ。

これにより、テレビ放送の広告収入に加えてオプションの広告収入をテレビ局が得ることができ、zeeboxはそのレベニューシェアを得るビジネスモデルだった。私は２０１３年11月に企画したカンファレンスイベントでzeeboxのＣＴＯ、Anthony Rose氏を招聘し

「みるぞう」のコンセプトを引き継いだ「みるもん」　　（図表６－②）

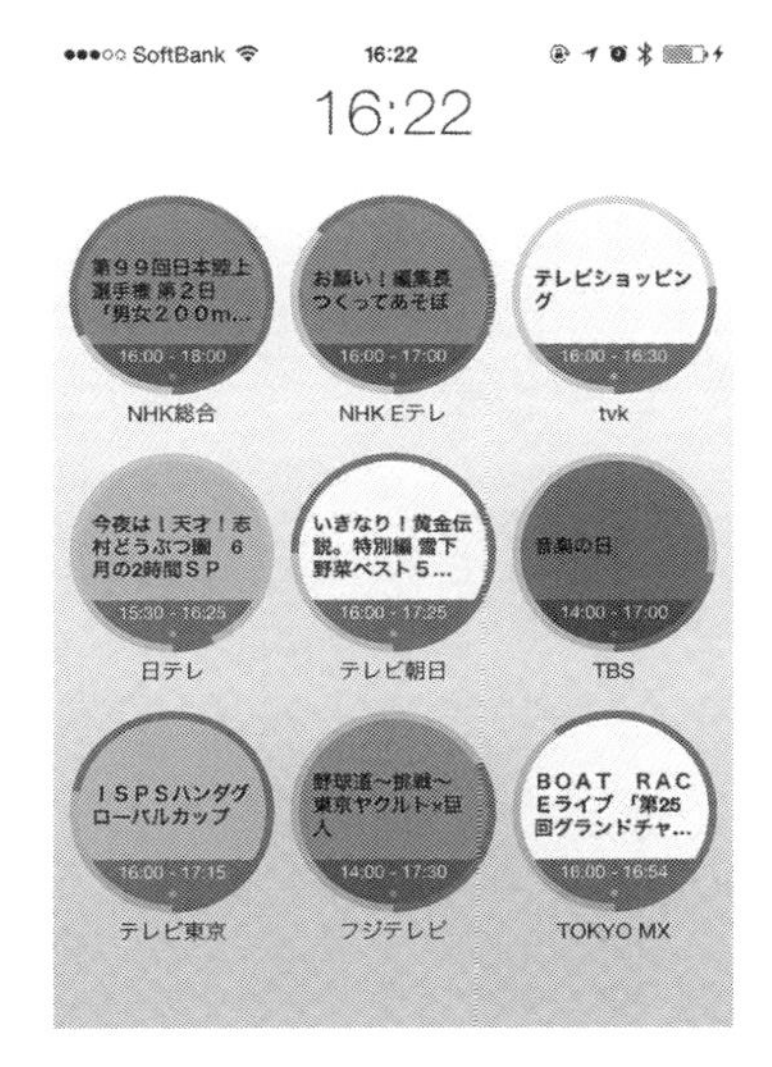

出典：データセクション

てキーノートスピーチを依頼した。同氏はＢＢＣのネット配信アプリiPlayerの開発者でもあり、欧米でテレビとネットを結ぶ技術の第一人者だ。

このzeeboxに近い機能を持つアプリも、日本で登場している。ＴＢＳぶぶたすアプリは、土曜日の情報番組『王様のブランチ』に登場する様々な情報に、アプリ上で即アクセスできる仕組みだ。たとえばベストセラー本が番組中で紹介されると、画面にその本のタグがタイムライン的に降りてきて、タップすると詳しい紹介や販売ページにたどり着ける。

大阪キー局の呼びかけで日本中のローカル局が参加する「マルチスクリーン型放送研究会」が開発した「SyncCast」もzeebox型のアプリだ。ぶぶたす同様、番組側から情報をアプリ画面上に送り出すことができる。研究会に参加する50を超えるテレビ局が共同で実験を繰り返し、本格運用に備えている。

極め付けは、日本テレビが開発したソーシャルテレビシステム、JoinTVだろう。これは特定のアプリの提供ではなく、テレビとネットを結ぶ総合的なシステムとして生み出さ

ぶぶたすアプリ　（図表6－③）

出典：TBSテレビ

れた。最初は実験的に、番組にFacebookアカウントでログインすると、テレビ画面の中でFacebook上のお友達アイコンが表示され、誰が一緒に視聴しているかがわかるというもの。それだけでなく、バルス祭りを生んだ『金曜ロードSHOW！』でアニメ映画を見ながら決めのシーンでスマホのボタンを押すと共時視聴が楽しめる仕組みを盛んに展開した。日本テレビの番組でスマホを通じて投票ができるシステムを開発するなど、テレビとネットを結ぶあらゆる手法にトライした。

アプリの開発とは別に、セカンドスクリーン視聴を含め、広い意味でソーシャルメディアとの連携を図るテレビ番組の事例は多々登場した。日経BP社が2012年に始めたソーシャルテレビ・アワードという催しがある。その受賞リストを見てみよう。

2015年

【大賞】『バーチャル高校野球』(朝日放送)
【日経デジタルマーケティング賞】『金曜ロードSHOW！』(日本テレビ)
【日経エンタテインメント！賞】『ごめんね青春！』(TBSテレビ)
【特別賞】『マジック新世紀セロ 生放送SP』(フジテレビ)

【広告賞】『ＮＩＳＳＡＮ×リアル脱出ゲームＴＶ　史上最難関の採用試験ＴＨＥ ＴＥＳＴ』（日産自動車×ＴＢＳテレビ）

２０１４年

【大賞】『ＴＨＥ ＭＵＳＩＣ ＤＡＹ音楽のちから』（日本テレビ）

【日経デジタルマーケティング賞】『王様のブランチ』（ＴＢＳテレビ）

【日経エンタテインメント！賞】『テラスハウス』（フジテレビ）

【特別賞】『おやすみ日本眠いいね！』（ＮＨＫ）

【特別賞】『トーキョーライブ24時～ジャニーズが生で悩み解決できるの⁉～』（テレビ東京）

２０１３年

【大賞】『ＴＶ６０ ＮＨＫ×日テレ（日テレ×ＮＨＫ）60番勝負』（ＮＨＫ／日本テレビ）

【日経デジタルマーケティング賞】『めざましテレビ』（フジテレビ）

【日経エンタテインメント！賞】『孤独のグルメSeason2』（テレビ東京）

【特別賞】『リアル脱出ゲームＴＶ』（ＴＢＳテレビ）

2012年

【大賞】『SPEC〜翔〜』(TBSテレビ)
【日経デジタルマーケティング賞】『ワールドビジネスサテライト』(テレビ東京)
【日経エンタテインメント!賞】『ZIP!』(日本テレビ)
【特別賞】『NEWS Web 24』(NHK)

すでに紹介した『王様のブランチ』や『金曜ロードSHOW!』も含まれているが、これだけの番組がソーシャルテレビアワードにふさわしいネット活用にトライしてきたことがわかるだろう。2012年の各受賞は、それぞれソーシャルメディアを番組活性化に活用したものだが、翌年以降はもっと多様で複雑な仕掛けに番組の中で取り組んだものだ。

2014年の大賞『THE MUSIC DAY』では、人気グループ嵐が唄う場面で、歌に合わせてスマートフォン上で簡単なゲームを遊べるもので、137万人もの視聴者が参加した。テレビ番組とネットの連動にはこうした大量のアクセスをきちんと受け止めて、視聴者が番組に合わせて参加できなければいけないのだが、この番組では見事にその難題をクリアした。

２０１５年の『バーチャル高校野球』はアプリ上で試合の生中継をリアルタイムで送信したものだ。しかもアプリ上では投手カメラ、打者カメラなど視点を視聴者の側で選べる。試合の映像を自分で編集してシェアできる仕組みも整えた。さらに、ネットでは放送とは別に広告セールスを行い、収益性も高めたという。

このように、ソーシャルテレビは徐々に領域と解釈を広げながら、テレビとネットの融合を具現化し、視聴率につなげたり新たなビジネス開拓の場になったりし始めている。

ソーシャルテレビは次のステージへ

このように書き連ねていくと、ソーシャルテレビがテレビ放送界を席巻したように思えてくるが、実はここまで紹介したアプリなどはほとんど今残っていない。TuneTVはその後、別のアプリに進化するなど試行錯誤した末、開発をやめてしまった。みるぞうもニフティ社が開発をやめ、アプリ資産をデータセクション社に譲渡して「みるもん」として生まれ変わった。ピーチクも稼働を止めて、残っているのはwiz tvだけだ。それぞれ、なんらかのビジネスモデル構築を目指したが果たせなかった。zeeboxは名称をBeamlyに変え、アプリの内容も多少リニューアルしてこちらはまだまだ発展中のようだ。

唯一、粘って独自の局面を切り開いているのがTBSぶぶたすアプリだ。『王様のブランチ』以外にも対応番組を拡大しつつ、広告の受け皿としてビジネス化が成功に向かっているようだ。ECモデルの開発も進んでおり、テレビとネットの融合による可能性を具現化し始めている。

先述のJoinTVの中心人物である日本テレビ・安藤聖泰氏は、日本テレビほかの出資で2015年4月にHAROiD社を設立。開発したシステムを日本中のテレビ局に提供すべく奮闘している。

テレビのソーシャルメディア活用の時期　（図表６－④）

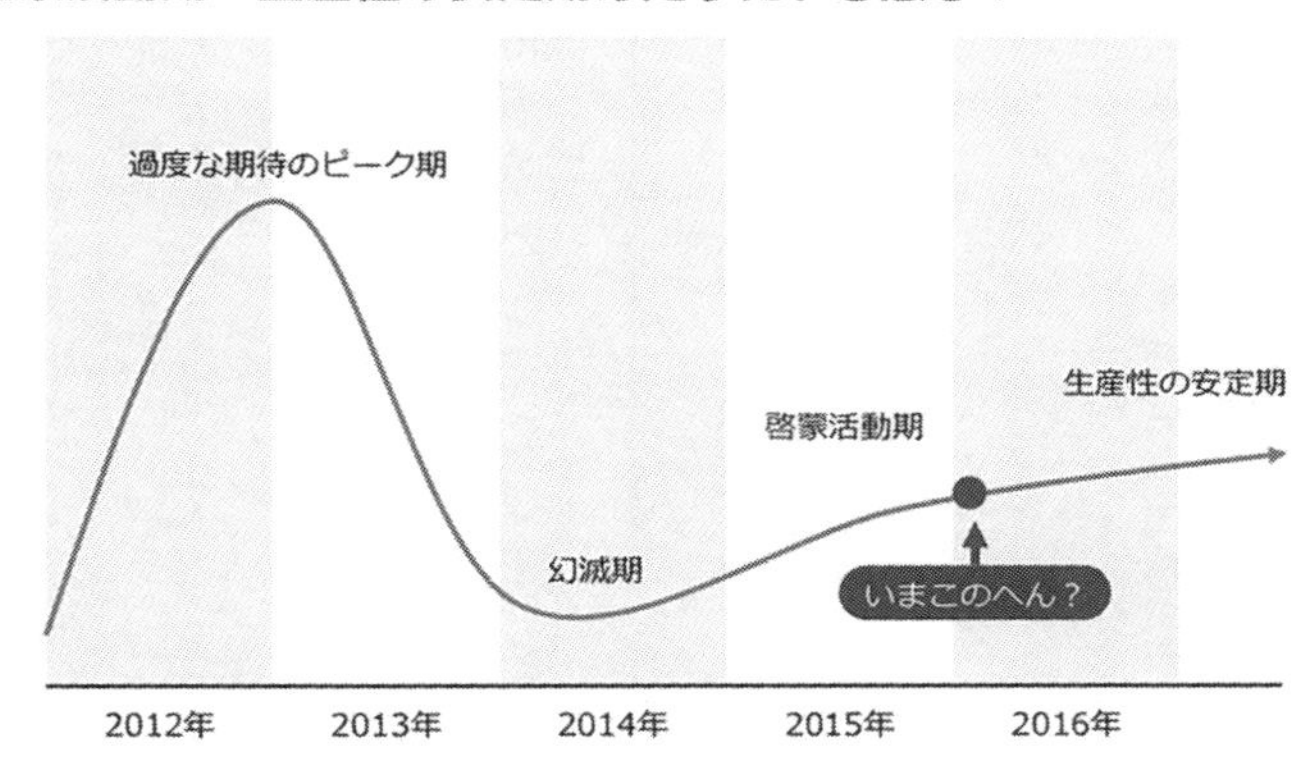

出典：データセクション

　ニフティ社でみるぞうに携わった後、データセクション社に移籍して引き続きみるもんに携わっている伊與田孝志氏によれば、ソーシャルテレビはガートナーのハイプサイクルで言う〝啓蒙活動期〟に入っていると言えそうだという（図表６－④）。その解釈では、次々にアプリが登場した２０１２年は「過度な期待のピーク期」だったのが一度大きく熱が下がる幻滅期を経て、これから緩やかに利用が高まっていく。実際、ソーシャルメディアの分析で知られるデータセクション社も、テレビ局との連携で様々なソーシャルメディア活用事例をつくってきた。ひと頃のように視聴率への過度な期待とは別に、視聴者の分析などのマーケティング活用や、視聴者の投稿映像を拾い上げる番組制作の活用まで、多様な領域で可能性が出てきている。

情報拡散経路としてのソーシャルテレビ

ここまで紹介したようなアプリやセカンドスクリーンの活用とは別に、ソーシャルメディアとテレビの極めてダイナミックな相乗性にも目を向けたい。たとえば、２０１３年の『半沢直樹』の記録的な大ヒットの際に、視聴率とTwitterの盛り上がりには、相関性があったと言えそうだ。（図表６－⑤）のグラフは、山の高い折れ線が「半沢直樹」を含むツイートの数、グレーの点が視聴率だ。視聴率と比例する形で爆発的に伸びていっているのがわかるだろう。山の低い折れ線は流行語になった「倍返し」を含むツイートの数で、ドラマの面白さが浸透するにしたがい後半で大きく伸びている。

日曜劇場『半沢直樹』（TBSテレビ）の視聴率とSNSでのツイート数　（図表6－⑤）

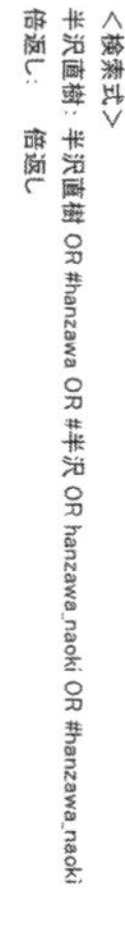

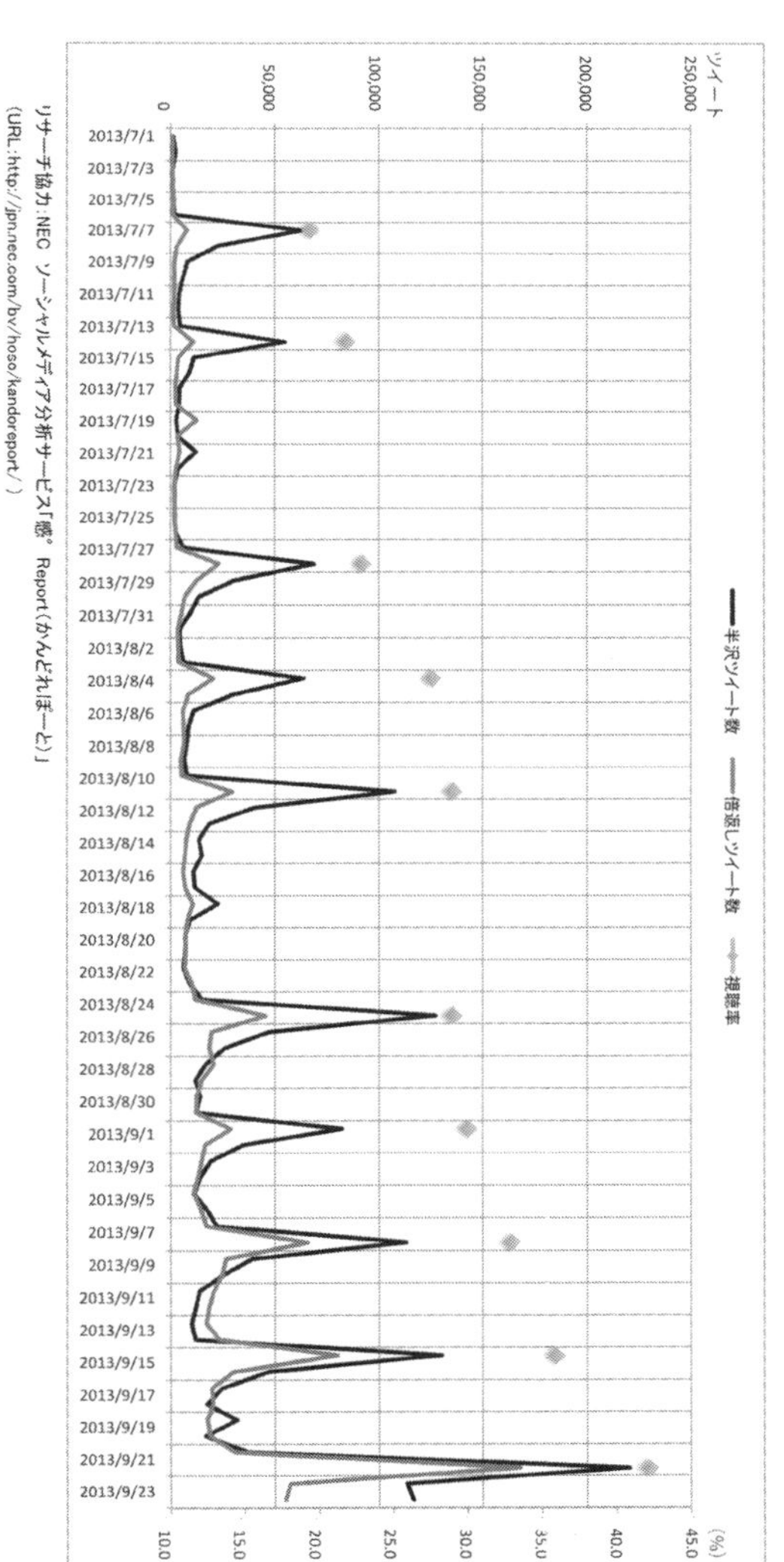

リサーチ協力：NEC ソーシャルメディア分析サービス「感°Report（かんどれぽーと）」
（URL：http://jpn.nec.com/bv/hoso/kandoreport/）

出典：ビデオリサーチ関東地区世帯視聴率をもとに著者作成

これを見て〝Twitterが視聴率を押し上げた〟とそのまま解釈するのは危険で、視聴率が高まれば見ている人数が増えるので、ツイートも増えるのは当然とも言える。ただ、この時あらゆるメディアがこのドラマについて取りあげ、人気を分析したり内容を面白おかしく紹介したりしていた。後半ではTBSのドラマなのに他局の情報番組さえ取りあげていたほどだ。Twitterはそのたびに、『半沢直樹』について書かれた記事を紹介して拡散し、取りあげたテレビの情報番組のキャプチャー画面を広めていった。Twitterだけで盛り上がったのではなく、各メディアが取りあげた情報をネット中に拡散する役割を担っていたのがTwitterだったのではないだろうか。この現象も、ソーシャルメディアの不思議なパワーだと私は考えている。

『半沢直樹』で起こったメディア同士をTwitterが結びつけて増幅する作用は、いろいろな題材で起こっている。２０１６年の初めは、週刊文春が毎週のように驚くべきスクープをすっぱ抜き、そのたびにテレビをはじめほかのメディアが後から追いかけていた。これをかき回したのもTwitterだったと思う。「ネットで話題になっている」とはすなわち、Twitterでみんながつぶやいている、ということだからだ。

その象徴的な出来事として、ここで「保育園落ちた」現象を取りあげてみたい。２０１６年2月15日に、〝はてな匿名ブログ〟で「保育園落ちた日本死ね」という過激なタイトルのブログが公開された。匿名ブログは、言わばネット上の落書きの場所で、誰が書いたかはわからない愚痴や恨み言が書き込まれる場だ。そこに、保育園に落ちた母親が、一億総活躍社会を唱える政権のもとで、実は保育園が足りなくて〝活躍〟できない恨みを乱暴な言葉遣いで書き込んだ。その表現の過激さがかえって、同じ目に遭った母親たちの共感を呼んであっという間に拡散された。

そのことが「今日本死ねブログがネットで話題に」といくつかのテレビ番組で取りあげられて話題が拡散し、2月29日の国会で民主党（現・民進党）の山尾志桜里議員が安倍首相への質問に取りあげた。ところがこれに対し安倍首相は「匿名では議論できない」と延べ、自民党議員が「誰が書いたんだよ」と野次を飛ばし、母親たちと世間のさらなる怒りを増幅してしまった。反応した母親たちが国会前で抗議の活動をし、署名を集めて厚労大臣に渡した。一気に政治マターになってニュース番組が取りあげ、話題がどんどん沸騰していった。

筆者が顧問を務めるエム・データ社はテレビメタデータの会社で、テレビで放送された番組の中の情報をテキストデータ化している。そのデータを取り出して多様な見せ方で分析でき、ほかのデータとも掛け合わせて分析できるTV Rankというツールを提供している。これを使って、「保育園落ちた」を取りあげた番組と、この言葉を含むツイート数の推移を視覚化してみた（図表6－⑥）。

上段の棒グラフは、「保育園落ちた」で検索して出てきた番組の、数と放送時間を表したものだ。下段は「保育園落ちた」を含むツイート数を折れ線グラフにしている。

このグラフからは、いろいろなことが言えそうだ。まず気付くのは、ブログが登場して話題になった山より、国会での質問後の話題の山のほうが圧倒的に高い。ツイート数も取りあげた番組の数も、後半に入ってぐいぐい増えている。しかも国会での質問の直後ではなく、それに反応して国会前で抗議活動をしたり署名を提出したことのほうが話題を押し上げている。テレビ番組も、こうした活動を取りあげることで、国会での野次を再度検証したりしている。

「保育園落ちた」の情報を取りあげたテレビ番組とSNSのツイート数　（図表6－⑥）

「保育園」取りあげた番組とツイート数（2/15 ～ 3/22）

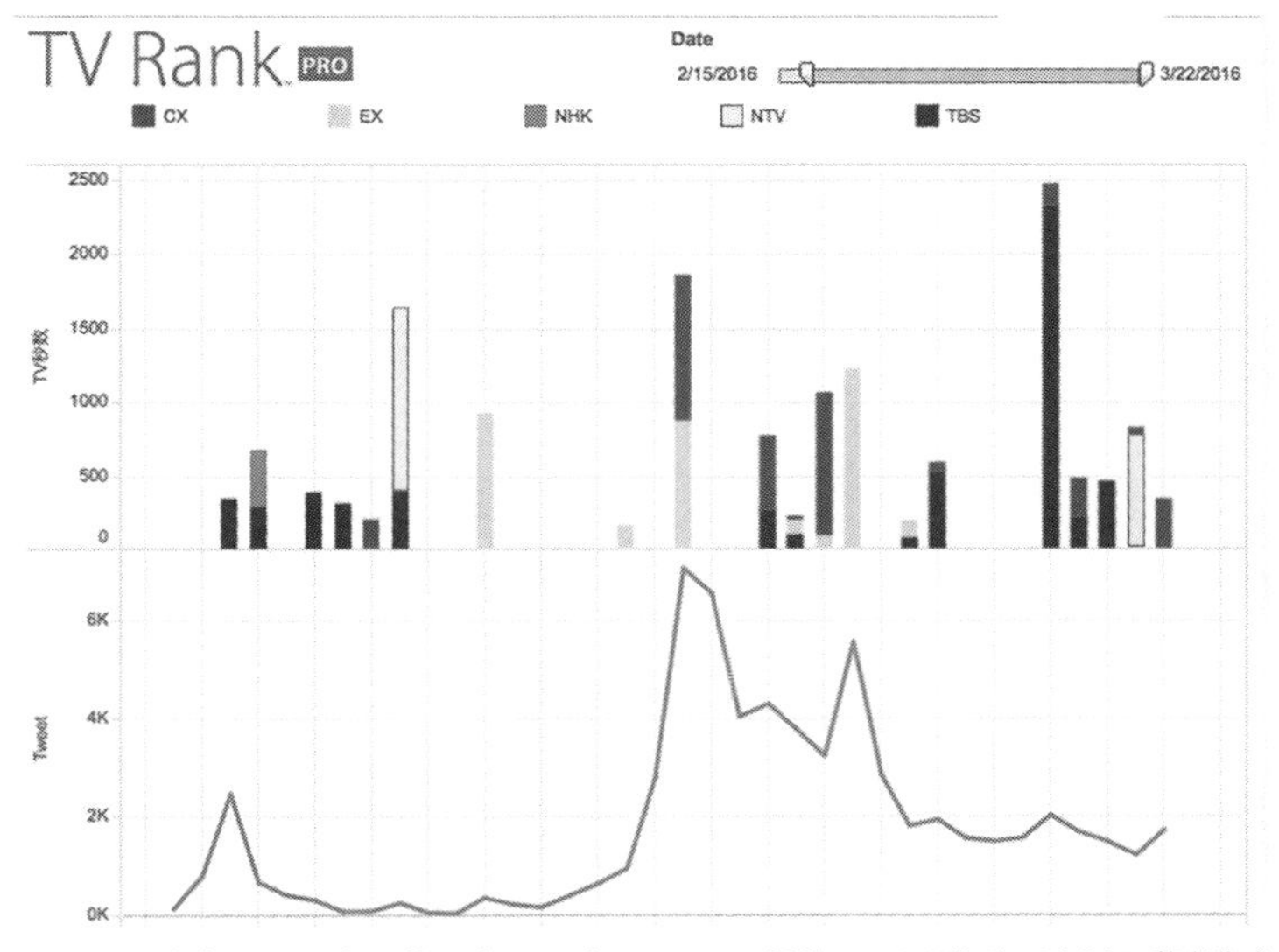

出典：エム・データ社のデータ、データセクション提供のツイート数データをもとに著者作成

これは、ソーシャルメディアとテレビによる話題の盛り上げのヒントになるのではないか。一度ネットで話題になり、テレビで取りあげられることはそれ自体大きな効果をもたらすが、それに対し〝第二次施策〟を付け加えることで、話題性が倍化する。しかも二回目の施策は別方向からのほうが良いのだと言えそうだ。この例ではネットでの書き込みから〝国会〟という場に移ったことが大きいのだろう。

これは企業のマーケティング活動など、あらゆるプロモーションに使える分析だ。もはや、ソーシャルメディアを無視して話題づくりなどできない。そしてそこにテレビの大きなリーチ力、増幅パワーが加わると大きな話題に広げることができる。ソーシャルテレビを把握することは、今後の情報戦略の大きな武器になりそうだ。

もはやソーシャルメディアを無視して話題づくりはできないということ。次章から述べる分散型メディアやオムニマーケティング、新しい広告の仕組みなどにもつながる、重要な傾向だ。ソーシャルメディアは、今後のコミュニケーションの鍵を握るといっても過言ではない。

現場レポート

サカイオサムという分散型メディア

ここで少し寄り道的な話をしよう。私自身のコミュニケーションについてだ。境治個人が、どのように情報発信経路を築き、みなさんとコミュニケーションしているか。

「分散型メディア」という考え方がある。自社サイトを重視せず、TwitterやFacebookなどほかのプラットフォームに直接コンテンツを配信する手法だ。従来のメディアは自社サイトに誘導するのが目的となったが、そこから発想を大転換するメディアの考え方だ。代表的なものに2016年に日本版がスタートしたBuzzFeedがある。

広告代理店の知人が私に「境さんの記事はぼくがどこに行っても見るんですよ。まるで分散型メディアですね」とおっしゃったことがある。もちろん半分冗談だが、確かに自然と私はそれに近いメディア構造をいつの間にか形成していた。そしてこれは、メディアや企業がコンテンツをどう伝えていけばいいかのわかりやすいモデルになりそうなのだ。ここでじっくり説明してみたい。

ブログとソーシャルメディアでコミュニティ形成

２００９年からソーシャルメディアが私の周囲でも普及した。私も友人の勧めでTwitterのアカウントを持ったが、つぶやくと言われてもなにを言えばいいかわからず数カ月間ほったらかしだった。

ある時、ブログのアクセス数を確認して驚いた。数十人のアクセスが普通だったのに、２０００人が来ていたのだ。その頃、「テレビ局はネットに押されて今後成長しない」などと書いていたのでブログは匿名でやっていた。当時在籍していたロボットはテレビ局や代理店からの受注で映像制作を請け負う会社なので、発注先の悪口と思われると困るからだ。２０００人も来たらなにかの拍子にバレるのではないかとヒヤヒヤした。なぜそんなに大勢来たのか悪戦苦闘して調べたら、発端は佐々木俊尚氏のTwitterだと判明した。

著名なＩＴジャーナリストである佐々木氏は、毎朝15分ほどの間に10通程度のツイートをして、その時々で気になったWebページを紹介していた。当時はフォロワー数が3万人程度だったと思うが、その佐々木氏の紹介ツイートを見た人の一部が、私のブログに押し寄せていたのだ。

それを機に、時々佐々木氏が私のブログをツイートし、そのたびに数千人が押し寄せることが続いた。面白くなって私はついに、ほったらかしていたTwitterアカウントを使うようになり、ブログで名前と所属も明かして、ブログを書くたびに自分でもツイートをするようになった。そのうえで、ブログにTwitterアカウントへのリンクを置き、すぐにフォローしてもらえるよう整えた。

整えた矢先に、佐々木氏がまた私の記事をツイートで紹介した。その日に起こったことを私は忘れない。佐々木氏のツイートの直後から、私のメールに次々と「○○○さんからフォローされました」の通知が届いたのだ。受信トレイに、にょきっ！にょきにょきにょき！っと「フォローされました」のタイトルがせり上がっていく。これがTwitterの効果か！おそるべし佐々木俊尚効果！ソーシャルメディアマーケティングの原初的体験を、自分自身の発信を通じてできたことは、その後の私のメディア観に大きな影響を及ぼした。

それからしばらくは、ブログを書くとツイートで告知する、Twitterでフォロワーが増える、感想ツイートが来る、それに「ありがとうございます！」などとレスを返す、そんな日々が続いた。当時のTwitterは今思えば非常に紳士的な空間で、見知らぬ人と言葉を交わし合い、場合によっては直接お会いすることも頻繁にあった。主にマスメディア関係に所属する人たちが、私のブログを読んで共感してくれたのだ。そこでは、ソーシャルメディア上のコミュニティ形成が自然とできていった。

その頃、私はロボットからビデオプロモーションに転職した。制作会社から、小さいながらも広告代理店に移ったのだが、ソーシャルメディアで知り合った人々とのコミュニティがそのまま仕事にも役立った。なにしろ、業界のあらゆる場にいる、メディアの変化に関心を持つ人々とつながっているので、仕事上必要な分野の人たちにもすぐにアクセスできるようになった。

いろいろ人と会ううちに、勉強会をやろう、と言い出す人も出てきて、成り行きで本当にやることになってしまった。「境塾」の名前で2〜3カ月に一回程度、開催した。第一回のゲストは、私たちを結びつけた佐々木俊尚氏だった。勉強会を開催することで、著名な方に声をかけることもできるようになったのだ。この勉強会は、その後テーマとメンバーが移行して「ソーシャルテレビ推進会議」という名称で今も続いている。考えてみれば、不思議な成り行きだ。

ブログで情報発信して、ソーシャルメディアで告知してコミュニティを形成し、リアルでも顔を合わせるイベントを開催する。私が思うに、これが〝基本〟だと思う。勉強会のようなものでなくても、なんらか情報発信する必要があるならまず、この3点セットに取り組むべきだ。たとえ全国向けの商品やメディアであっても、情報発信×ソーシャル×リアルは必須の手法だと思う。

ここからは、その〝基本〟をどう広げていくかだ。

外部メディアとの提携で拡散力をパワーアップ

２０１３年、私はコピーライター兼メディアコンサルタントの肩書で再びフリーランスになった。これまでの広告制作も生業としながら、メディアの未来を情報発信したり、それを役立ててもらったりすることにも仕事として取り組んだ。これも、ブログによる情報発信でできたネットワークを仕事につなげるものだった。

フリーランスになる頃、当時日本でスタートしたばかりのHuffingtonPost（略称ハフポ）の初代編集長、松浦茂樹氏とお会いした。彼は私のブログを読んでくれていて、勉強会にも一度来てくれたことがあるという。ハフポはアメリカ発の、ブログを集めて運営することを核にした、新しい考え方のメディアだ。ブロガーを集めており、私のブログも転載させてほしいと言われ、もちろん快諾した。

かくて、私が自分のブログを書くたびに、ハフポでも同じ内容の記事が掲載されることになった。当初はうまくいくのかと危惧する声もあったハフポだが、松浦氏の手腕でまたたくまにＰＶ数を伸ばした。後で聞いたのだが、いろいろやり方を試してから、ターゲットに最も有効だったのがFacebookだったので、そこでの告知を中心にしていったら成功した、ということだ。Facebookの日本での成長期にちょうど巡り合ったのもあるだろう。

ハフポへの転載が始まると、今度はＢＬＯＧＯＳからも記事を転載したいとの依頼が来た。ＢＬＯＧＯＳもハフポ同様ブログを集めて運営するオピニオンメディアでこちらのほうが老舗だ。こうして、私は自分の記事を、自分のブログの拡散力以上に広く配信することができるようになったのだ。

注意してほしいのは、転載されたからと言って私のブログの読者数が強烈に増えるかというと、必ずしもそうでもない点だ。もちろん、ハフポやＢＬＯＧＯＳ経由で私のブログにたどり着いてくれる人は一定数いる。だが、同じ人が次から私のブログにアクセスしてくれるわけではないようだ。少し前までならＲＳＳもあって、気の利いた人はブログを登録してくれただろうが、今はほとんどなくなった。

だから、ソーシャルが重要になる。私のTwitterやFacebookをフォローしてくれた人は、その後は私が新しい記事を更新するたびに、ソーシャルで知って読んでくれる。またFacebookページに「いいね！」してくれればコミュニティ化もできる。そうした誘導は必須だ。

その後、２０１４年から２０１５年にかけて、専門誌での連載を始めた。宣伝会議のWebメディア、AdverTimes（通称アドタイ）での連載が２０１４年の秋から始まり、広告業界や企業の宣伝部の方たちとの定期的な接点ができた。さらに２０１５年春からは放送業界の業界誌ＧＡＬＡＣで、紙媒体の連載を始めた。

連載を始めてわかったのは、専門誌や業界誌つまりセグメントメディアの重要性だ。ハフポやＢＬＯＧＯＳの読者は広い。ごくごく普通の人たちが読むメディアだ。それに比べるとアドタイとＧＡＬＡＣの読者は業界の人々だ。その分、テレビとネットの融合についての関心は高い。私からすると〝ターゲット〟に当たる人たちになる。本書を読んでくれている方も、どちらかを通じて私を知ったという人は多いだろう。勉強会の参加者も、両誌を通じてのほうが多い。直接的に〝お客さん〟を開拓するには、専門メディアは非常に重要だ。

そして2015年夏から、私はMediaBorderという有料Webマガジンを始めた。「テレビとネットの横断業界誌」を標榜し、月660円。Web上で読むことができる。

それまで、ブログは当然お金にならないし、それが転載されてもハフポやBLOGOSから原稿料が出たわけでもない。アドタイとGALACは原稿料をもらっているが、専門メディアのギャラはそんなに高いわけではない。業界で認知を高めるためにそれは承知の上だ。そう考えると、私は長らくネットを中心に情報発信してきたが、あまりお金にする気はなかった。

MediaBorderを創刊した意図は、実は勉強会運営のためだった。勉強会もずっと無料で運営してきたのだが、会員数が300人を超えてきて負担も増し、さすがになんらかお金にしないわけにはいかなくなってきた。だが毎回の開催に会費を徴収するのはそれだけで大変だ。

そこで有料マガジンを発行し、その購読料を勉強会の会費とすることにした。逆に言うと、マガジンの購読者は勉強会の参加権があるということだ。たまたまPublishersというWebマガジンの発行システムを見つけ、これを利用することで購読料の徴収もできる。現時点で購読者は300人をようやく超えたが、これをもう少し増やしたいところだ。

なおかつ、価値あるマガジンにするために積極的に取材に行くようになった。ブログだけを書いていた頃より、ますます最前線の情報を得ることができた。名実ともに〝テレビとネットの融合の現場〟にどんどん詳しくなっていった。

一般メディアの力でさらに知名度が広がる

たまたま2015年はNetflix日本上陸が話題になり、その分野に詳しい人物が多くないため、私にも取材やメディアからの出演要請も出てきた。それは、私が情報発信してきたからだ。ネット上でNetflixの記事を探すと必ずといっていいほど私の記事が出てくる。

各所での講演の依頼も増えていった。中でも、JMA（日本マーケティング協会）とは、勉強会の会場として活用させてもらっていたこともあり、同協会主催のセミナーにMediaBorderの冠を掲げてもらって東京と札幌・福岡、大阪でのツアー的な開催をしている。

さらに極め付けが、Yahoo!個人でのオーサー登録だ。Yahoo!は多様なメディアのアグリゲーションで、プラットフォームとして運営してきた。その中に前々から〝個人〟のカテゴリーもあり、記事を掲載しているブロガー的な人々がいた。その中に2016年3月から加えてもらうことになったのだ。たまたまこの時期に、Yahoo!はメディア宣言を行い、個人の枠の書き手もきちんとした審査で選ぶことになり、Yahoo!個人の運営もルールをあらためて整備した。その分、オーサーをサポートする姿勢を打ち出し、記事の質も問うことになった。アクセスが稼げそうだからというだけでなく、中身のクオリティの高さも問い、選定された記事はその都度、Yahoo!トピックス、いわゆるヤフトピに掲載される。

私は、幸運なことに最初の記事、次の記事と立て続けにヤフトピに載せてもらえた。ヤフトピの効果は伝え聞いてはいたがすさまじかった。題材が、話題になっていた保育園問題だったこともあり、いきなり百万単位のＰＶ数となって驚愕した。そうなると、怒濤のトラフィックに身を置くことになる。Twitterで山のようにツイートされ、私のTwitterアカウントにもメンションが押し寄せた。ただ、それまでの経験もあってそれにいきなりレスしたりはしなかった。よく見ると、さほど意図はなくメンションしてきたものがほとんどで、レスポンスを求めてはいないのだ。ほうっておくと、嵐が過ぎ去るようにメンションはなくなり、何事もなかったかのようにおさまる。

この時私が痛感したのが、莫大なＰＶを獲得することが、そのまま自分にとってプラスになるとも限らないということだ。莫大なＰＶを得るということは、さほど興味を持ってない人にまで記事が届いてしまうということでもある。ただ、とにかく認知は獲得できる。認知と理解は少し違うことだし、認知が高まったら比例して理解も高まるわけではない。そのことは重々認識すべきなのだと感じた。

さてこれにより、私のコミュニケーションマップとでも呼ぶべきものが一端完成したと思う（図表R－①）。このマップの中に、私がコンテンツ（＝記事）を送り出すことで、私なりの情報配信ができる環境ができている。それは決してたやすいものではなく、むしろ毎回慎重さを要するものだ。だがうまく配信していけば、その時々の私の必要性に沿った情報の届け方ができる。

とにかくターゲット層に情報を配信したいなら、アドタイやＧＡＬＡＣに掲載するのが一番だ。だがここは読者の質も高いし大事な情報を求めているので、安易な情報配信はできない。その分、密度の高いきちんとした情報を届ければそれなりの反応が適切に得られる。

あまり構えることなく、その時に考えたことをとにかく世に出すなら、自分のブログに書くのが一番だ。ただし、それがハフポとＢＬＯＧＯＳに掲載されることは重々認識する必要がある。ハフポには一般読者ながらそれなりの質の高い読者が多いので、どう受け止められるかをきちんとイメージしておく必要がある。一方、ＢＬＯＧＯＳにはいわゆる〝ネット民〟がいてなにかを言うとコメント欄で叩かれる。それでもネット民の間で情

境修という分散型メディア　（図表R－①）

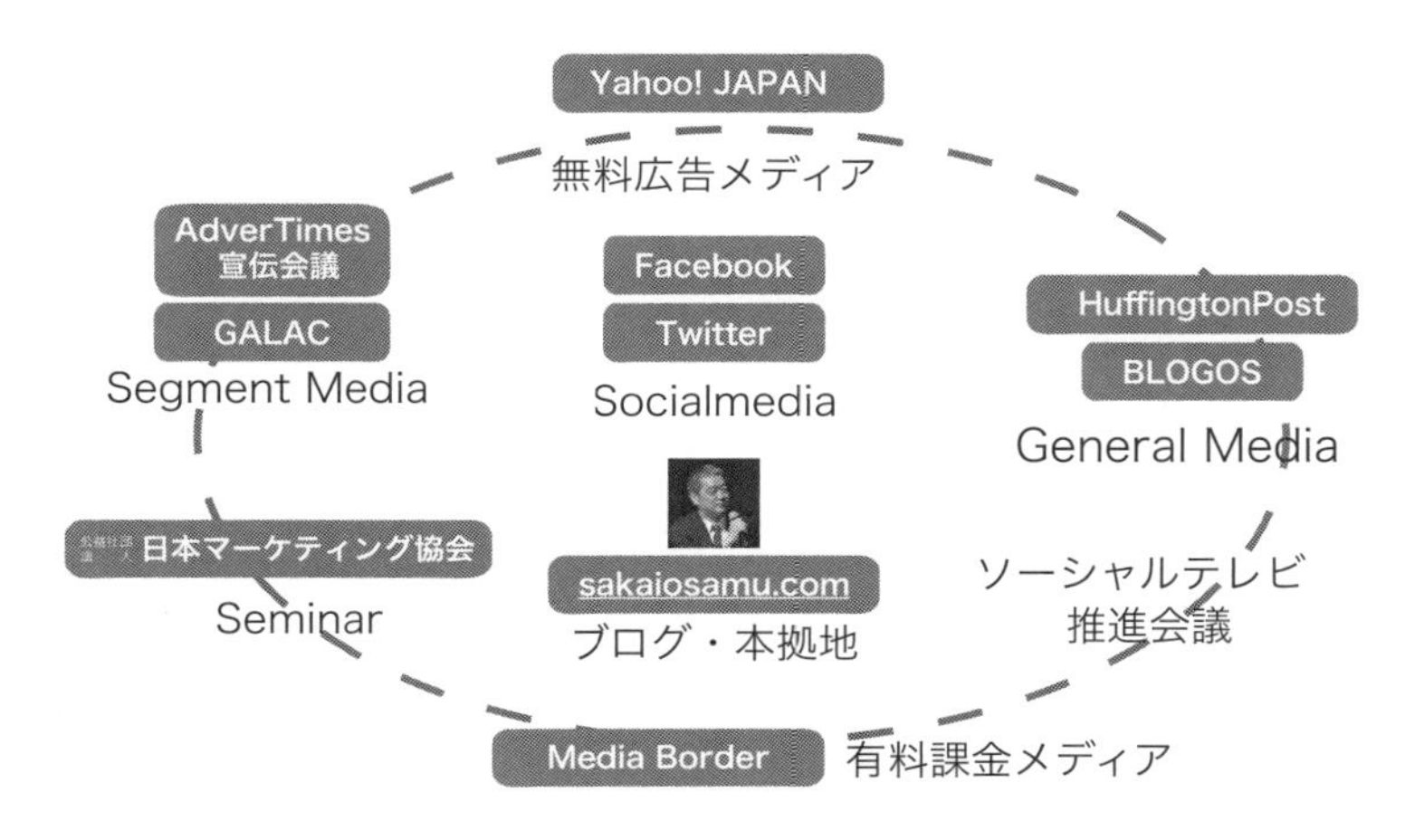

出典：著者作成

報が拡散されるので、ある程度叩かれるのを覚悟で記事を送り出す。

テレビとネットの融合について、本当に情報を求めている読者がMediaBorderにはいる。本気で取材して、貴重なインタビューなどが得られたらここで配信することにしている。読者とは勉強会も通じて直接的なコミュニティ形成ができているので、貴重なレスポンスも得られる。

Yahoo!での記事掲載は、とにかく広い層へ送り届けるには最適だ。特にヤフトピに掲載されると、想像もしていなかった人からの反応もある。私はヤフトピに記事が掲載されたことをきっかけに、高校時代の同級生から何十年ぶりかで連絡をもらった。どちらかというとレイトマジョリティ層と言えるような人々へのアクセスもあるのがYahoo!だ。その分、企業の上層部のような年配層にもアピールできる。

コミュニケーションマップをメディアも企業も持つべき

こうしたコミュニケーションマップは、これからはメディア自身や企業の広告活動でも、それぞれ持つ必要があると私は考えている。コミュニケーションマップとは、自分たちにとってふさわしい人にアクセスするための仕組みづくりだ。

大きく分けると、三つの目的に基づきメディアを使い分けるべきだと思う。

①誰かれなく認知を獲得する

顧客になる可能性がまったくない人たちも含めて、とにかく名前を知られ、存在を知られることは非常に重要だ。ああ、あれね。知ってるよ。そう言われることはいろいろな意味で効力を発揮する。そして知ってくれた人の中には潜在顧客が常にいる。時間が経つと顧客になったり、その人の周辺に顧客がいたり。不特定多数の認知は様々に役に立つ。

ただし、莫大な認知にはコストも莫大にかかる。その費用対効果を検討し、諦めるのも戦略だと思う。テレビＣＭはほぼこの目的で使われていた。私のコミュニケーションマップではYahoo!がこの役割だ。

②ターゲット層の認知を得て誘導する

最も重要なのはここ。私のマップで言うと専門誌がこれに当たる。顧客になる可能性がある層が定期的に訪れるサイトを通じてアプローチする。対象となる人々に、共感が得られたり役に立ったりすることが重要。起こしてほしい次へのアクションを常にさりげなく提示し、誘導する。

③顧客化のために濃いコミュニケーションをする

私のマップで言うとブログ、もしくはFacebookコミュニティなどこちら側の場所でのコミュニケーション。ファンになりかけている人にさらにアプローチして顧客化する。ここでは多少込み入った内容も伝えていいし、少し親しげな姿勢が必要。

私の情報発信は必ずしもマネタイズが目的ではないが、MediaBorderという有料マガジンを持ったことで、そこへの誘導を意識するようになった。その観点から見ると、②→③の流れが最も重要で、①はその遠回りなサポートのようなものだ。Yahoo!の記事がヤフトピに載ってアクセスする人は、たんになんとなく読むだけで、テレビとネットの融合に興味がある人なんて1％もいないだろう。ＰＶ数が莫大ということは、それだけ不要な対象にアクセスしてしまっているということでもあると認識したほうがいい。

ところが、これまで広告にせよなんにせよ、上の①のことばかりやってきたのではないだろうか。アクセスする相手が自分にとってふさわしいかどうかをほとんど確認せず、視聴率が20％を超えたとか、１００万ＰＶはすごいとか、巨大な数字だと喜んでいた。

一方で②や③のコミュニケーションはおろそかにしてきたのではないか。そこにこそ顧客がいるのに、どういうコミュニケーションをすればいいのかをよく考えてこなかった。認知さえ獲得できれば後は売れるだろうと、乱暴に考えがちだった。マスメディアに関わる人間ほどそうだったのではないか。

このコミュニケーションマップは、これから述べるメディアの今後、企業コミュニケーションの今後、両方ともに大前提となる。

第7章

今後のテレビビジネスと映像コンテンツ産業

これまで見てきたことをもとに、今後それぞれの業界はどうすればいいのかを考えたい。まずは、テレビ放送は事業としてどう考えればいいか、映像コンテンツ産業はこれからどう進むべきかを考えていこう。

大きく概観して言うと、放送中心で動いていた映像業界を、コンテンツ中心に移行させるべきだ、ということだ。テレビ局も今後は、制作プロダクションの一つとして物事を考えていかざるをえないだろう。日本は民放が飛び抜けて発達してきてすべての映像コンテンツの要として機能してきたので、考え方を抜本的に変える必要があると思う。

スマホファースト・テレビセカンド

映像コンテンツにとって、これまでのメディア環境とこれからなにが変わるのか。デバイスで捉えるとはっきりしているだろう。簡単に言えばすべてのデバイス、もっと言えば紙と音声メディアはスマートフォンに吸い込まれる。そして映像も当然スマートフォンを主たる場としていくだろう。ただし、映像だけほかの表現と少し違うのは、テレビは残る、ということだ。そこには二つの意味がある。テレビ受像機が残る、ということと、テレビ放送も残る、ということ。

人々のメディア接触は、スマートフォンを第一のデバイスとすることになる。いわゆるスマホファースト。それに対してセカンドスクリーンの役割をテレビが果たす。

これまではスマートフォンのほうがセカンドスクリーンと呼ばれた。第6章でも私はそう書いた。だが実体は逆だ。誰しも、今や若い人だけでなくスマートフォンを持つ人はすべて、ファーストスクリーンとして使っている。テレビ放送に携わる人からすると認めたくないだろうが、自分自身でもそうなっているはずだ。いつでもどこでも持ち歩いて始終いじってしまう。スマートフォンは持ってしまうと、自分自身に密着したメディア接触デバイスになってしまうのだ。

だがテレビはなくならないだろう。もちろん若者の一定割合はテレビを持っていない。

それは多くても15％程度に過ぎない。放送を見るのでなくても、テレビ受像機はかなり重要なデバイスなのだ。結婚して子どももできると、本人が必要なくても〝家族にとって〟必要になってしまうはずだ。それくらい、大きな画面の映像モニターは便利だ。放送を見る比重は減っても、映像デバイスとしてスマートフォンとは別に、求められ続けると思う。

つまり、手元にはスマートフォンもしくはタブレット、リビングルームにはテレビ受像機。メディア接触はそういう集約で今後行われるのだ。これはもうとっくに各家庭で起こっているはずだ。リビングルームに家族全員いるものの、各自スマートフォンかタブレットを手にしている。夢中になってソーシャルメディアかゲームを操作している。テレビは誰も集中して見ていないが放送が流れ続けている。あるいは、誰か一人だけが番組を見ている。昨日のドラマを録画再生しているか、huluなどで連ドラを一気見しているか。とっくにデバイスとしてはそうなっているが、コンテンツの新しいエコシステムができていないので、まだダイナミックに動いていない。環境が整い、新しいエコシステムが完成すれば、スマホとテレビのデバイス構造ですべてが回るだろう。

だから、テレビ局も映像制作者も、そのデバイス構造でなにをどう伝えればビジネスが成立するのかを、考えればいいのだ。もちろんそれは並大抵ではないし、テレビとスマホをどう連携させればいいのかは難しい課題だ。

ということは、テレビはテレビをどうすべきかを考えるのではなく、スマホをファーストとした時にテレビがどんな役割を持てるかを考えるべきだ。そのヒントは、〝テレビとは増幅器〟ということだと思う。スマホでのコミュニケーションを増幅するのがテレビであり、映像コンテンツの魅力をスマホより増幅するのがテレビなのだ。スマホであちこちのぞいているうちに、じっくり堪能したくなったコンテンツの受け皿がテレビ受像機になる。もっとシンプルに言えば、スマホにこれまでの新聞の役割をどうしたら持たせられるか、を考えればいいのだと思う。

ひと昔前の家庭を思い出してみよう。お茶の間にテレビがあり、ちゃぶ台には新聞が置いてある。パラパラと記事を流し読んで、テレビ欄にたどり着く。番組表が一覧できる中で、今晩これを見ようと決める。そんな流れができていた。

テレビ視聴にとって、新聞のテレビ欄は大きな役割を果たしていたはずだ。ところが最近、急激に新聞へのアクセスが減っている。取っている家庭でも、前に比べると新聞を開く回数は少なくなっているのではないか。

新聞がテレビへの接点となっていたように、どうしたらスマホを接点にできるか。テレビ番組でのタレントの発言がネット上で記事になることが最近多いが、それを嫌がるのでなくむしろどう利用できるかを考えるべきだ。

第2章で述べたように今ようやく番組のネット配信が出てきたが、次のステップとしてはネット上の番組をさらにどう活用してスマホで接点をつくれるか、だと思う。検索されるのを待つのではなく、視聴者が持つスマホに番組の情報や画像が流れてくる方法を見出すべきだろう。

映像コンテンツはオムニチャネル戦略へ

InterBEEという放送業界の展示会が毎年11月に開催されている。２０１４年からその中にInterBEE Connectedという特設会場がスタートし、放送と通信の融合をテーマに新たな企業の展示と、多様な企画セッションも組まれている。私は毎年取材しているのだが、２０１５年のセッションの一つに、アメリカ在住ＩＴジャーナリスト・小池良次氏の講演があった。アメリカの放送界の最新事情を解説するものだったが、その中で「番組のオムニマーケティング」という言葉が出てきて非常に刺激を受けた。オムニマーケティングとは、オムニチャネルマーケティングを略した言い方のようだ。つまり映像コンテンツもオムニチャネル戦略（あらゆる場所で顧客と接点を持とうとする戦略）で考えるべきだ、ということだ。

アメリカでは映画やドラマのネット配信が日本より5年進んでいると言われる。映像コンテンツを気軽に配信で視聴できるサービスが多様に進化し、その中でNetflixも成長してきたのだが、そうなると同じコンテンツがあらゆる場で視聴できることになる。

番組のオムニチャネル戦略とは、それほど多様化した映像配信の中で、自社のコンテンツをどのサービスでどう配信するか、コントロールしていく考え方だ。

これまでも多様なチャネルの中でコンテンツをどう出していくかは戦略性が必要だった。だがそれは〝マルチウィンドウ戦略〟と呼ばれ、出すメディアの順番をきちんと管理する、というものだった。映画館でロードショー展開し、その半年後にＤＶＤを発売し、衛星放送など有料チャンネルで放送し、地上波など無料チャンネルで放送する、というようなものだ。

オムニチャネル戦略はそれと違い、順番の問題ではない。その代わりにこのチャネルでは課金収入が、こっちでは広告収入のレベニューが入るなど出し方を多様に管理するものだ。そのためにどういうプロモーションを仕掛けるかも入ってくる。

その際、それぞれのチャネルの特性を把握し、傾向などを知っておく必要がある。どの

映像コンテンツのオムニチャンネル戦略　（図表７－①）

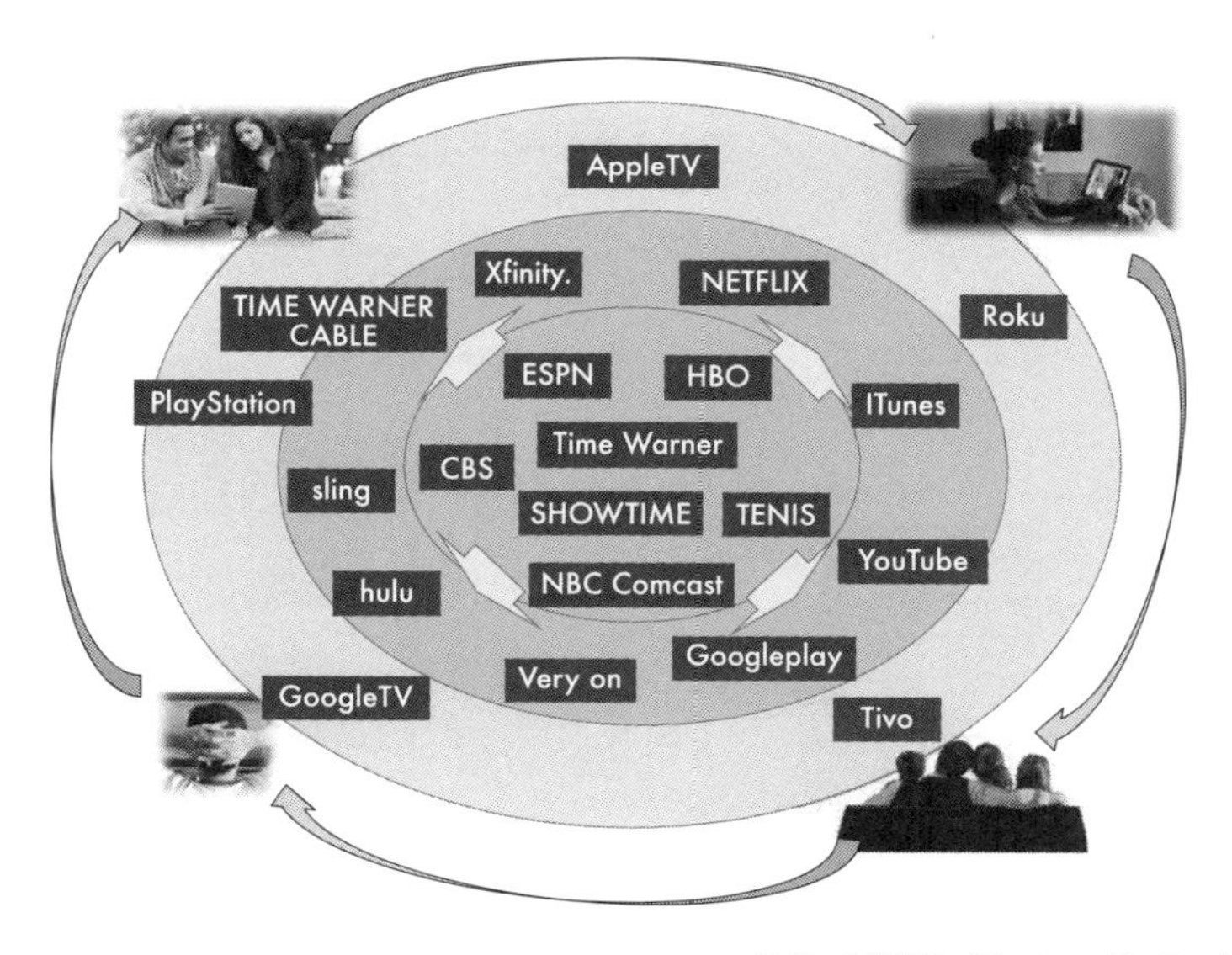

出典：小池良次（Contents DotCom）

ウィンドウ戦略の変化　（図表７－②）

ウィンドウ戦略の変化

マルチウィンドウ戦略

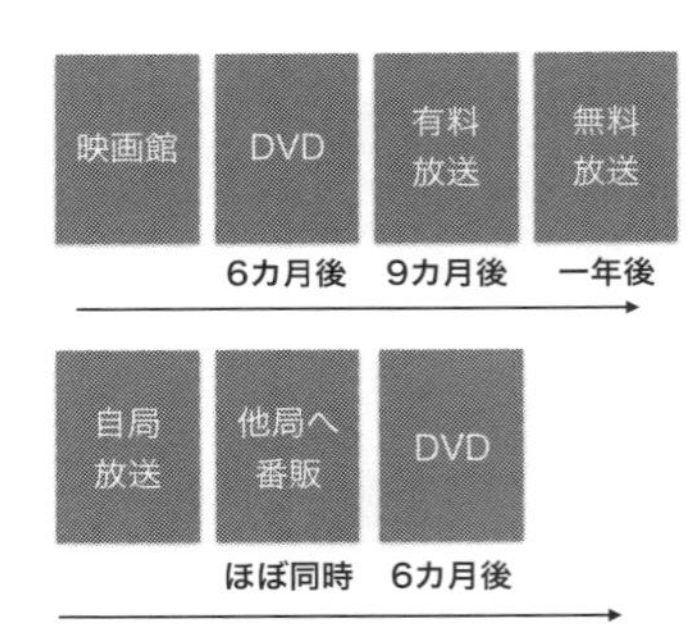

順番が大事！

オムニチャネル戦略

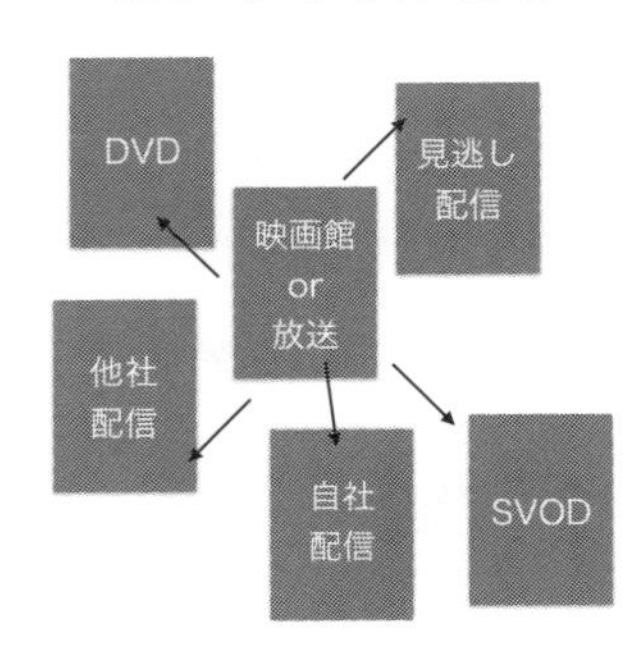

接点を広げる！

出典：著者作成

チャネルにどういう傾向の視聴者がいて、どんなタイプのコンテンツを好むのか、どれくらい視聴されるかなどを把握していくのだ。オムニチャネル戦略が進んでいくと、それぞれのコンテンツが〝どこの〟コンテンツだったのか、場合によってはドラマなのか映画なのか、はっきりしなくなる。そういうことより、コンテンツそのものの〝ブランド〟が重要になってくる。コンテンツ主義の度合いが高まるのだ。この点は非常に大事だと思う。以後、流通より中身が問われるだろう。

アメリカのドラマシリーズで『HOMELAND』という作品がある。本国ではもともと、ショウタイムというケーブルチャンネルで放送された。ＣＩＡとテロとの戦いを映画並みの本格度で描いたもので、見応えたっぷりのドラマだ。ショウタイムをチャンネルとして選んでもらうための、キラーコンテンツとして制作された。

ショウタイムで放送された後、オムニチャネル展開により多様なチャネルで視聴できる。日本でも過去のシーズンが各ＳＶＯＤサービスで視聴できる一方、ディズニーのＢＳチャンネルであるDlifeでは最新シリーズが放送された。前のシーズンはhuluで見ればいいですよ、全部見たら最新話はDlifeで見ることができますよ、という流れがうまくできている。オムニチャネル戦略ではこのようにシーズンが続くほど多様なチャネルで視聴できることに相乗効果が生まれやすい。ブランディングが大切になるのは、いくつものシーズンを多様な経路で数年にもわたって視聴できるからだ。『HOMELAND』が最初に〝ショウタイム〟で放送されたことは、年を追うごとに意味がなくなる。

映像コンテンツはそれぞれ、主なマネタイズの場がほぼ一つに決まっていたと思う。テレビ番組なら放送時に得られる広告収入（もしくはそれに見合った制作費）。映画では興行収入とＤＶＤセールス収入（ここ数年でＤＶＤは当てにできなくなったが）。アニメ作品なら何よりＤＶＤやBlu-rayのパッケージ収入。マネタイズのタイミングは最初の大きな流通経路で決まっていただろう。今後、オムニチャネル戦略が進むと、事情が変わってくる。今までで言う二次三次の収入が比重として大きくなる可能性もあるし、マネタイズ完了後も数十年間稼ぎ続けるコンテンツも出てくると思う。

最初に見せる場所はもはやテレビ放送や映画館とも限らない。オムニチャネルのどこから始まってもいいし、すべて同時でもいい。もちろん自社でプラットフォームを持っているならそこを優先したほうがいいが、そう決めつける必要もない。もはや「順番」に定型はなく、どこからどう展開するかは、個々のコンテンツの戦略次第だ。

フロー主義からストック主義へ

そうなると、今の日本のように一クールごとにドラマが新しく変わっていくことが不利に働く。アメリカのように何年にもわたって制作されるほうが有利になる。日本のドラマは各局がしのぎを削って一クールごとに何十タイトルも新作が出てくる。以前はそれを頑張って追いかけて見たものだが、もはや追いつけない。そんな中、せっかく気に入ったドラマがあっても3カ月で終わってしまう。最近は人気が出たタイトルのシーズン2が制作されることも増えたが、早くて一年後だ。そしてやっぱり3カ月放送して終わり。これではファンが蓄積されていかない。

オムニマーケティングでは、一クールで終わるフロー主義ではビジネスとしてどんどんしんどくなるだろう。コンテンツが猛烈なスピードで次々に消費される中で、短い周期のサイクルでは埋もれてしまうだけなのだ。

日本の映像コンテンツ産業は、テレビ放送を中心にかなり偏って進化してきた。次から次にコンテンツを送り出して広告収入でまかなうフロー主義だった。それでは今後、乗り切れない。ストック型に切り替え、コンテンツを育てていく文化を持たなければ、すべてのプレイヤーが消耗していくだけだ。

オムニマーケティングの話をしたりすると、オールド業界人は「だってそれ儲からないだろう」という。だが考え方は逆だ。オムニマーケティングで儲かる構造を構築できるかどうか。それができなければ、日本の映像コンテンツは行き場を失いかねない。

ポートフォリオ感覚

オムニマーケティングに則ると、マネタイズの場が複合的になる。ということは、映像制作の収益がポートフォリオ感覚になるということだ。テレビ番組で言うと、放送に伴う広告収入だけを考えていたのが、その後の多様な二次使用三次使用でのリクープを考えることになる。

ポートフォリオとはもともとは「紙ばさみ」の意味だったのが、金融の世界で多様な証券や債券を紙ばさみで束ねていたことから資産一覧の意味でも使われるようになった。さらにリスクとリターンが異なる複数の資産をうまく組み合わせて構成し、バランスよくリスク低減と好リターンを目指す資産管理の考え方としても使われる。

ここで私が、映像制作の収益をポートフォリオ感覚にと言っているのはつまり、複数のマネタイズ手段をうまく構成していく、という意味だ。これはアニメや映画では、すでに

テレビ番組のポートフォリオ　　（図表７－③）

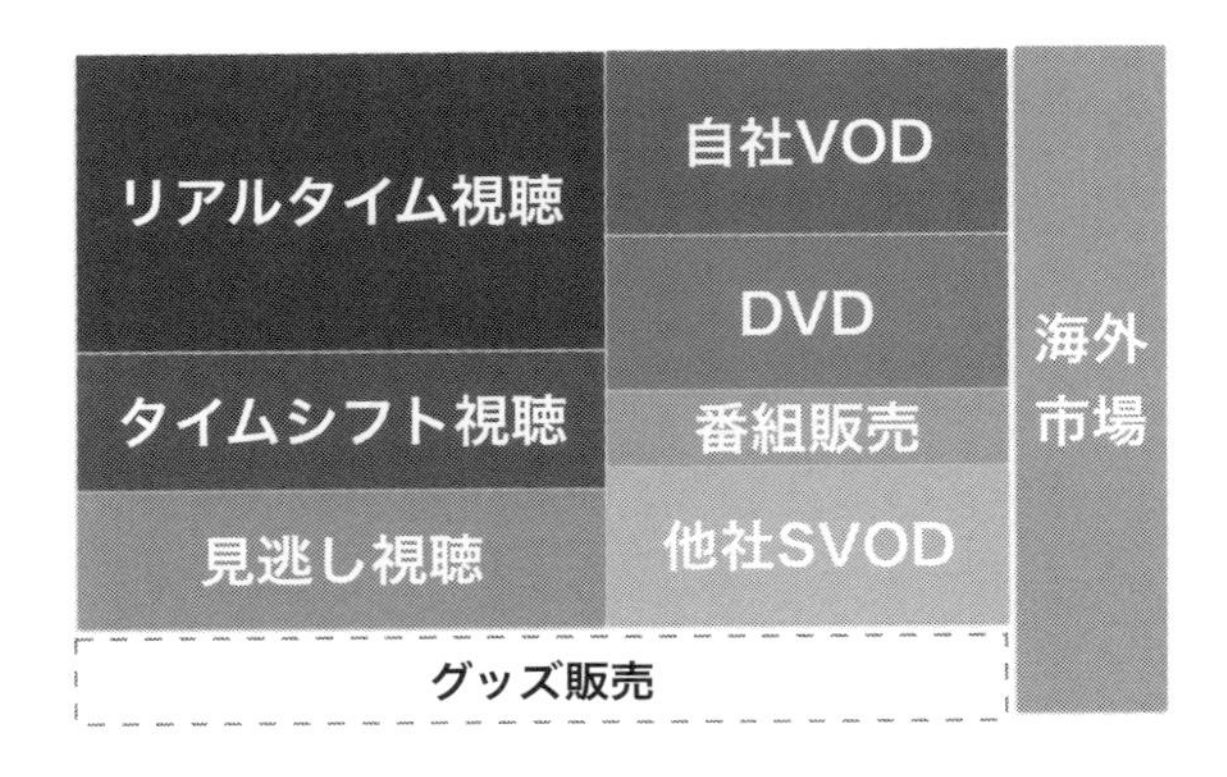

出典：著者作成

自然と行われていた考え方だが、今後はテレビ番組でも必要になるだろうし、アニメや映画でもより進化していくだろう。映像コンテンツのマネタイズ手段が多様に拡大しているからだ。

テレビ局の番組収益がポートフォリオ感覚になると、視聴率至上主義から脱却することも可能になる。視聴率を気にしなければならないのは、広告収入を視聴率が左右するからだ。視聴率が下がることは、広告収入が減ることを意味する。視聴率がさほどでもなかったとしても、二次三次の収入がもっと大きければいい、ということでもある。

在京キー局の番組の場合、広告収入が莫大なので、二次収入以降がそれを超えることはイメージしにくいかもしれない。だが今後、放送の影響力が弱まる一方でネット配信などが視聴者数を獲得するにつれて、十分ありえることだ。

すでにローカル局の番組ではそれが起こっている。北海道テレビ『水曜どうでしょう』は、放送はすでにされていないにもかかわらず、ＤＶＤセールスやネット配信による二次収入を莫大に得ている。同番組を育てたディレクター・藤村忠寿氏は私にこう言った。

「2013年に久しぶりに新作を放送しました。初回放送時に視聴率が15％を超えてみんな喜んでくれましたが、制作しながら自分がイメージしていたのは放送時の視聴者ではなく、DVDなどにお金を払ってくれる10万人のファンです。だから視聴率だけを気にしてはつくらないんです」

放送収入より二次収入のほうが大きいので、そっちのファン層を気にして制作するというのだ。私は視聴率を気にしない、と言い切るテレビ番組制作者に初めて会ったが、精神論ではなく大事なお客さんがどこにいるのか、という意味で言っている。

『水曜どうでしょう』の話をすると、あの番組は特別だから参考にできないという人が多い。才人・大泉洋氏や藤村氏をはじめ才能あふれるスタッフが揃った類いまれな例なのは間違いないが、参考にできない話ではないと思う。少なくとも今後は、ローカル・キー局問わず各局が真似るべき事例になってくるのではないか。

このポートフォリオ感覚は、これまで重視していた流通経路の比重を下げることでもある。テレビ放送の場合で言うと、〝編成〟の概念が変わってしまう。その感覚になじめず、否定的な態度になる人も多いだろう。「なんだかんだ言って、視聴率とってなんぼだよ」という人は大勢いそうだ。

だが本書で長々語ってきたように、今、映像と人々の関係が根本から変わろうとしているのだ。今までの考え方を一端まっさらにして、今後の映像コンテンツ流通を一から組み立ててみる時だと思う。

テレビ番組のプロデューサーが今、視聴率のみにさらされ、その結果だけを問われることに限界が来ている。そのくびきから現場を解放することで、番組そのものが自由になり、新しい収益モデルができてくる。放送翌日に視聴率を見て一喜一憂するより、一クールごと、年間単位での収益をプロデューサーが見るようになる。そんな時代はもう間近だ。だったら今、そんな変化に備えるべきではないだろうか。

フジテレビへの処方せん

第3章で、フジテレビの視聴率低下について触れ、突破口は後で書くとした。ここでそれを示したいが、すでに書いたも同然だ。オムニチャネル戦略を実行し、フローからストックに考え方を変えてポートフォリオ感覚を身につける、ということだ。

視聴率低迷がフジテレビ最大の課題だ。だがその解決策は、視聴率を上げようとすることではないと私は思う。今の「おばさん化」した世帯視聴率モデルの中で視聴率を上げるためには高年齢層に合わせた番組づくりをする必要があり、それはフジテレビらしさを捨てることになるのではないか。むしろ月9の『恋仲』や『いつかこの恋を思い出してきっと泣いてしまう』などは、世帯視聴率が史上最低レベルでも若者に熱く支持された。その価値を最大化するにはどうしたらいいかを考えるべきであり、オムニチャネル戦略はそのベースとなるはずだ。

地上波放送時には世帯視聴率がX％だが、見逃し配信でY万回再生され、SVODセールスで一年間かけてZ回再生される。X＋Y＋Zで番組を評価しマネタイズする。今の合計値はこれだけにしかならないが、3年かけてYとZを10倍にすることでうんぬん、というように考え方を構築する。ネットでの動画視聴は間違いなく伸びるのだから、予測値を立てて後は走りながら修正していくのだ。

小刻みに新番組を展開して視聴率がとれなくてがっかり。これを繰り返していてもモチベーションが下がるだけだし口さがないネットメディアから叩かれるだけだ。視聴率がとれないことは今、気にするな。3年後を目指していい番組づくりに没頭せよ。そう明確に打ち出すべきではないか。

オムニチャネル戦略も、ポートフォリオも、ようするにいい番組の価値を長期的に捉えるということだ。もっと言えば、本書で私が長々と言っていることも、メディアが膨大に増えることでメディアの価値に対してコンテンツの価値が高まるはずだ、ということだ。そしてフジテレビは決して、コンテンツ力が弱くなったわけではない。その価値が、世帯視聴率での評価に表れにくくなっているのだ。今まで一つだったモノサシを増やすべき時だ。

そのためには、組織を大きく変える必要がある。一つのドラマの視聴率と、見逃し配信の再生数と、動画配信セールスを総合的に把握し、それぞれがどうマネタイズできているかをマネジメントするセクションが必要なはずだ。そしてもちろん、その総合的な価値を会社として評価することを社内で共有する。

あるいは番組のつくり方も変えるべきかもしれない。『HOMELAND』のことを書いたが、同じように長期的な視点がこれからは欠かせない。となると、一クールごとにいくつものドラマ枠で連続ドラマを制作するより、二クールにわたって、あるいは一年間通して一つのドラマをつくり続けるべきかもしれない。

今コンテンツの情報が大量に渦巻く中で、一つのドラマをちゃんと見て毎回視聴し続けるかどうか決めるのは、ドラマ好きほど大変になっている。やっとあるドラマを見ると決めたらあっという間に最終回がやって来て、また次に見るドラマを探すのだ。そんな中で3カ月ごとに新しいドラマを変えていくことがほんとうに得策なのか。ストック主義に移行するなら長い期間放送したほうがいいのだ。

フジテレビは２０００年に「コンテンツファクトリー」という考え方を示した。これはまさにメディアパワーよりもコンテンツ制作力を重視するものだと受け止めた。ここで私が述べたことは15年も前に自ら発信していたことではないだろうか。そしてポートフォリオの考え方もテレビから映画へと展開する中ですでに具体化していたものだ。テレビ放送、そのＤＶＤ化、グッズ販売、映画化、映画のＤＶＤ化と複数のマネタイズを組み立てていたのだ。これを各番組各コンテンツに応用するに過ぎないと思う。

などなど、いろいろ述べたがこれらは決して私のオリジナルな主張ではない。フジテレビの多様な人々と私は接点があるのだが、同様のことを言っている人は何人もいる。フジテレビの独自の制作力を題材にすれば、こういう考え方になるに決まっている。視聴率を重視すべきだという人はさほど多くないはずだ。

最大の問題は、全体の戦略が明確化できておらず、きちんと共有できていないことだと思う。今後、こういう戦略で突き進む！と誰かが宣言し、とにかくこれに従ってくれ、結果は責任取る！ そんなアナウンスと、それを末端まで共有し、信じて進むこと。それが一番大事だ。

「楽しくなければテレビじゃない」。誰かが言い出したこの言葉が全社的に共有されみんなが同じ方向を向いていた。フジテレビの強さはそこにあった。今欠けているのは、そういう共有できる意志だと思う。誰が発するべきかは言うまでもないと思うのだが。

絆が大事、感情と共感が大事

映像コンテンツ流通がデジタルになり、スマートフォンがその舞台となる。そこで大事になるのはたとえばデータだろう。視聴率だけを見ていた時代よりはるかに多くの要素からなるデータを送り手は見ていく必要がある。

だが一方で、相反することを言うようだが、コミュニケーションにおける精神性も大事になると私は考えている。気持ちとか、共感とか、そうしたふわふわした要素が逆にこれから大事になる。あるいはデジタルデータに出てくる効果とは、共感の結果得られるものではないか。それはつまり、これからのコミュニケーションがよりパーソナルなものになる、という現れかもしれない。

『水曜どうでしょう』について藤村忠寿氏に聞いた時、印象的だったのがネット掲示板の使い方だ。同番組は1990年代後半から2000年代前半に最も人気を博した。ネット黎明期でもあったせいか、いちはやくテレビ番組として掲示板を持ち、視聴者たちに書き込みしてもらった。藤村氏はその書き込みすべてに返事を書いたという。それだけ番組に打ち込んでいたからだろうし、ちょうど双方向性がテレビにも出てきた走りだから面白かったのもあるだろう。

この類いまれな努力が、その後の衰えない人気につながったのではないか。つまり、直接つながっているファンを、掲示板を通じて醸成できたのだ。番組が面白いだけでなく、つくり手と直につながっていることが、末長い濃密な関係をもたらした。いまだに藤村氏が「祭り」と称してイベントをやると全国から人々が何万人も集まってくる。この濃厚な関係づくりには、藤村氏が番組に〝顔出し〟しているのも大きな要素かもしれない。言葉どおり〝顔が見える〟コミュニケーションが成立しているわけだ。

コンテンツは、それを通してつくり手と視聴者の間の絆をもたらす。ある作品を愛することは、それにひれ伏すだけでなく、自分はそのよさを理解できる、共感できるという感覚に浸ることでもある。また共感できる者同士のコミュニティを生むこともある。つくり手その人と、自分に似たほかのファンとの絆を確かめ合えれば、末長くファンとなってくれるだろう。その感覚は、オムニマーケティングとストック主義に相通じるものだ。だからこそ、つくり手はこれから自らも表に出て、積極的にファンとの絆をつくるべきだと思う。

映像コンテンツのガラパゴス化の危機

オムニマーケティング、ストック主義、ポートフォリオ。こうした発想の転換には、それに対応して必要となる要素がある。市場の拡大だ。

日本の映像コンテンツ産業の発展は、人口の大きさに支えられてきた。一億人を超える人口は世界で10番目だが、これまでの〝先進国〟ではアメリカに次いで二番目だった。だからＧＤＰが長らく世界2位だったのは先進国で人口が2位だったおかげだと言える。たとえば映画興行市場もずっと世界2位だった。だからトム・クルーズは自分の新作公開時に積極的に来日してプロモーションに励んでいたのだ。

ところがＧＤＰで中国に抜かれたように、映画興行市場でも２０１２年に中国に抜かれた。日本の市場は２０００億円前後を行き来しているが、中国はすでに８０００億円を超え、２０１７年には北米の１兆３０００億円をも抜くだろうと言われている。日本

映画興行収入の推移　（図表７－④）

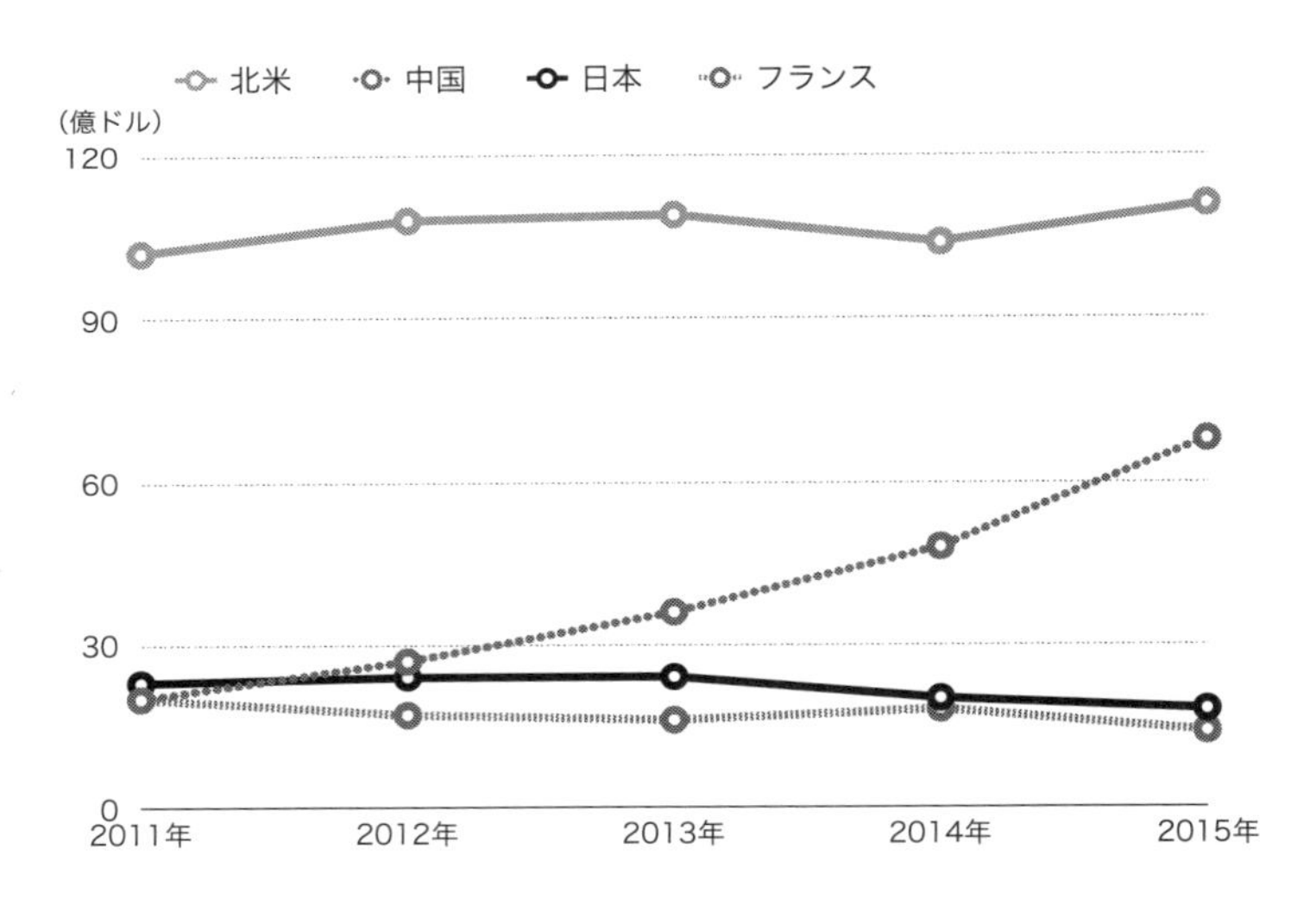

出典：Motion Picture Association of America, Theatrical Market Statisticsを基に筆者作成

でこれまでテレビ放送が盛んで毎日多才な番組が送り出されてきたのも、映画市場で自国作品がランキングを制してきたのも、アニメやマンガが豊かな文化を展開してこられたのも、すべて世界2番目の市場を保ってきたからだ。

だが国内市場は今後急激な人口減少のため縮小する一方なのは目に見えている。ストック型に移行してオムニマーケティングを展開しようにも、縮小する市場では難しいだろう。一方、アジアは中国の躍進に留まらず、各国で市場が成長著しく、ネットの普及で配信市場も盛り上がっており、映像コンテンツ市場が急拡大しそうだ。つまり、今後の映像産業にとって、海外進出が必須なのだ。

しかし、日本は著作権の解釈が極端に保守的で、なおかつ業界文化としてもネットを毛嫌いし、配信権の許諾に異様に時間がかかったり、そもそも配信を拒む権利保持者も多かったり。閉鎖的な業界になってしまっている。

テレビ番組の海外セールスの際、放送権とセットで配信権も売るのがすでに常識となっているそうだ。ところが日本の番組は、配信権は別に許諾が必要で、セットでの販売はできないものがほとんどだ。そのため、せっかく興味を持ってくれても実際には売れない現実が出てきている。日本のドラマは実は１９９０年代まではアジア市場でけっこう人気だったのだが、２０００年代以降急速に人気が失速した。[※12] そのうえ配信権が別売りとなると、もう相手にしてもらえない。

日本は映画でもドラマでもアニメでも、非常に豊かな産業に成長し、高いクオリティも持っていた。ところが豊かな国内市場に浸りきり、海外セールスの努力を続けてこなかった。それが今後、痛いしっぺ返しとなってしまう。ちゃんと見てもらえればまだまだ、クオリティではアジアで負けていないはずだ。セールスに本腰を入れるならまだ間に合う。著作権についてもっとビジネスしやすい形にする議論をし、海外セールスの体制を整えて国を挙げて乗り出すべきだと思う。私たちが今見ている日本のドラマが、10年後もアジア中で視聴されている。そんな状況をこれからでも頑張ってつくれるといい。

ただ、すでに時遅しとの声も聞くのだが。中国資本はすでにハリウッドの制作会社を買収するなど、米中のコンテンツ産業は強い関係を結びつつある。日本はとうに蚊帳の外で、ジャパンパッシングが起こっているので後の祭りかもしれないのだ。

さてこうした映像メディア、映像コンテンツ業界の今後の道筋と、広告コミュニケーションのこれからは重なる面が多い。やはりポイントは、コンテンツ重視ということだと思う。次章ではそれに関するかなり私見になる話を書こう。

※12
参照：佛教大学・大場吾郎教授のブログ「メディアを憂う。コンテンツを嗤う。」テレビ番組のガラパゴス化にはワケがある。　http://obagoro.blog.fc2.com/blog-entry-57.html

第8章

広告コミュニケーションの新しい姿

最後に広告はこれからどう変わるか。非常に難しいテーマだが、テレビや映像の変化がもたらす新しい広告コミュニケーションの姿を模索してみたい。

これまでの広告コミュニケーションは、メディアをどう使うかを重視していたと思う。メディアプランを決めて、それに載せるコンテンツをつくっていた。その構造が根本から変わりそうだ。それはやり方次第、発想次第でもあり、コミュニケーションの主体である企業自身が考える、ということでもある。代理店に任せてメディアパワーを当てにすればば、という時代ではもはやない。それを面白がれるかどうかが大事だと思う。

広告はメディアからコンテンツへ

広告コミュニケーションはどう変化するか。これを考えることは、ある意味メディアビジネスの根幹を考えることだ。

そもそも20世紀のメディアは「広告枠」とともに成長してきた。新聞や雑誌のような紙メディアは購読料と同じくらい広告料が大きな収入源で、それをもたらすための〝広告枠〟が紙面の一定量を占めていた。テレビとラジオは、そもそも視聴料をとらずに100%広告収入で成り立ってきた。それはつまり、企業は自分ではコミュニケーションできないので、メディアの力を借りる前提でここまで進んできた、ということだ。企業とメディアは一蓮托生で、互いに力を合わせることで成長できた。

一方で、メディアは読者や視聴者と向き合う存在だ。そこに載せるコンテンツのつくり手は必ずしも広告出稿企業を向いてはいない。時に対立することもある。そう考えると、メディアはもともと矛盾を内包させてここまでやってきたのだ。

だが今、企業自身が情報発信できる時代が始まっている。メディアの力に頼らなくても自ら消費者にコンタクトできるかもしれない。ただし、コミュニケーション力が非常に問われるし、そういう人材が企業側に十分にいるのかも考えねばならない。だが流れとしては、これまでに比べるとメディアに頼る割合が減少するだろう。その意味で、これからはなんでもありだし、その企業次第で多様なやり方が開発できるのではないか。たとえば、第4章で紹介したパナソニック社の動画中心のコミュニケーションはそのわかりやすい例であり、一つのモデルになりそうだ。

パナソニック社は決して、テレビCMを使わなくなったわけではない。相変わらず大きなリーチを獲得するためには必須だとも言える。だがテレビCMのクリエイティブをほかに流用するのではなく、先にコンテンツありきで構築しているのがポイントだと思う。自社サイト内に置いてあるコンテンツがあり、それによって商品購入にまで導く仕組みをつくっておくのと、そこに誘導するためにどんな施策を打てば良いかを考える。あるいは対象となる消費者が行動する経路にコンテンツをうまく配置し、いつの間にか接触している状態を形成する。

そう考えていくと、実は映像コンテンツのオムニチャネル戦略に似てくることに気付くはずだ。そして、現場レポートに示した私のコミュニケーションマップとも重なるのではないだろうか。

つまり、すべて同じなのだ。人々に対するアプローチは、個人のメッセージでも、企業のコミュニケーションでも、映像コンテンツの接触でも、考え方の大もとは同じだ。どの経路で誰とどう接触できるか、これを考えることなのだ。企業のコミュニケーションも、役割をいくつか設定することになる。たとえばだが、日用品や食品飲料のような商品なら、認知度を稼ぐためにテレビCMなどマスメディアはやはり欠かせない。さらにアクセスしたいターゲットが行動するのはどのメディアか、どのツールか、どのソーシャルメディアか。若い独身女性がターゲットなら、彼女たちがよく閲覧するサイトを調べてそこでコミュニケーションを取る。

その際、コミュニケーションする手段は、バナー広告だけではないだろう。なんらかの〝コンテンツ〟の形をとったものが主流になると思う。特にスマートフォンの小さな画面では、もはやバナー広告はこれまでのように機能せず、コンテンツとして堪能してもらえるかどうか、楽しんでもらえるかどうかが大事になる。

これまでは、広告枠があり、そこに広告制作物を掲載する、という形だった。だがそのやり方はネットでは通用しない。これからは、広告の役割を持つコンテンツをネットメディア上に配置する、ということになるはずだ。そのやり方こそ、広告業界がこれから開発する対象となる。

それぞれのパーチェスファネルを構築する

昔から使われてきた〝ファネル〟という考え方がある。企業が人々に接触してから購買に至るまでのプロセスを図にしたもので、徐々に人数を絞り込んでいくので漏斗（＝ファネル）状の図で考える手法だ。購買に至るファネルということで、パーチェスファネルと呼ばれたりもする。

１９９０年代まではテレビＣＭと新聞雑誌広告が認知・興味関心を受け持ち、そこから先、購買まではＳＰつまりセールスプロモーションの役割だと定義されていた。２０００年前後に、その役割分担でいいのかとの問題提議が起こった。マスとＳＰの役割に線引きがなされていて、マスをアバブ・ザ・ライン（Above The Line：ATL）、SPをビロー・ザ・ライン（Below The Line：BTL）と呼び、線引きをなくして一気通貫で考えるべきとのスルー・ザ・ライン（Through The Line）の考え方が登場した。ネットが広告の場になってからは、これまでのSPの役割がネットに置き換えられた。

パナソニック社の考え方の新しさは、パーチェスファネルのすべてのプロセスに動画が機能すると解釈している点にある。HERO動画、HUB動画、HELP動画もそれぞれ（図表8－①）でいう「認知」「興味・関心」「比較・検討」に当てはめることもできそうだ。

このパーチェスファネルの考え方は、古典的な広告の解釈であるAIDMAとも似ている。AIDMA（Attention, Interest, Desire, Memory, Action）もパーチェスファネルも古くからある広告理論だが、今も通じるわかりやすさがある。そして今、広告を原点から考え直す際、この古典的な図を使うとわかりやすいだろう。実際、最近あちこちの企業がコミュニケーションを組み立てる際、このファネルを使うようだ。

パーチェスファネルの大まかな概念図表　（図表８－①）

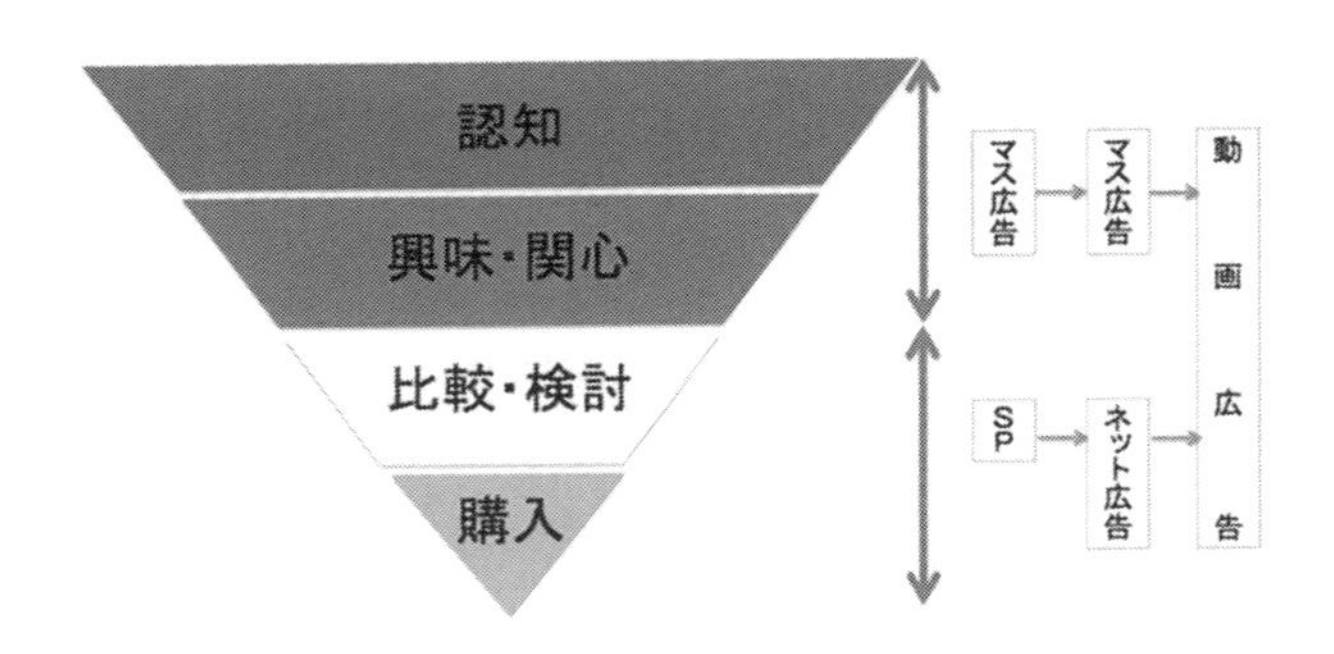

出典：著者作成

メディアの公式に頼らない、ということは自分たちなりの新しいファネルをつくることだと思う。パナソニックを真似てすべて動画で、という考え方もあるが、企業によって商品によって違うはずだし自由に考えればいいのだ。

すべてをネットで考える必要もない。今も店頭が重要なら「比較・検討」と「購入」はSPかもしれない。認知にはやっぱりテレビCMが必要で予算も許すなら使うべきだ。一から見直すとはいえ、これまでのやり方が有効なら継続すればいい。ただ大事なのは、これまでのように闇雲にテレビCMを重視し、テレビCMの企画をほかのメディアにも展開する従来の発想をやめることだ。全体として伝えるべきことはどんな表現かをまず考えて、それをファネルの各プロセスでどう伝えればいいかを企画していく。

その際、〝コア・クリエイティブ〟の概念が重要となる。たとえばパナソニックの白物家電の例では「ふだんプレミアム」というコンセプトワードが使われ、西島秀俊を父親とした共働き家庭が描かれる。父親がかなり家事に参加している。音楽や映像に一定のトーン&マナーがある。「ふだんプレミアム」とはこうあるべき、という姿がきちんと守られている。

これがパーチェスファネルのそれぞれのプロセスでも守られている。そういう設計をしていくべきだ。これまではテレビCMとWeb内の映像と店頭の商品説明映像がまったく別々のトーン&マナーでつくられることは多々あった。それではイメージが分散するし効率も悪いことに気付くべきだと思う。コア・クリエイティブをキープすることはこれからもっと大事になるだろう。

広告のニュース化と動画の組み合わせ

自由に考えればいいとは言え、それではわかりにくいので、大まかな考え方の例をここで示してみたい。

ファネルの「比較・検討」「購入」については、それなりに〝その気に〟なっている段階なので、これらは企業のテリトリーで行うことになる。具体的には、自社サイトやオウンドメディア上だ。

「認知」「興味・関心」のためのコミュニケーションは外部メディアを使って行うことになる。そして今、そこが最も悩ましいポイントだろう。認知を獲得するのに、テレビCMが最も有効とは言え、リーチできない層がいたりと、昔ほど効かなくなっている。ほかのマスメディアはもっと効かない。ではネットでどうすればいいのか。バナーはスマホの時代に有効性を失いかけている。

ここで、人々はそもそもスマートフォンでなにをしているかを考えてみよう。答えははっきりしていて、ソーシャルメディアかゲームだ。人々は一日中FacebookやTwitterやLINEを眺め、ゲームをする。ソーシャルメディアを眺めているとなんらかのコンテンツが流れてくるので、それを開く。ちゃちゃっと目を通したらまたソーシャルメディアに戻る。飽きたらゲームをする。そしてまたソーシャルに…とだいたいそんな感じだ。これは様々の調査結果からも出てくる姿だ。

ソーシャルメディアで開くコンテンツは、大半が記事形式で、つまりはなんらかのニュースだ。どこでなにがあったというストレートニュースもあるが、少し込み入った内容の解説記事もあったり、時代を言い当てた分析的記事もあったり、コミカルな笑える記事もある。主にテキストと画像で構成されている。私が思うに、今ほど人々が大量のテキストを読みまくっている時代もないのではないか。

だったら広告をニュース化すればいい、と私は考えている。もちろんそれは議論になっているネイティブ広告の一種なのだろう。ここではその分類については置いておきたい。広告のエンタテインメント化は、谷口マサト氏[※13]らが取り組んできたことだが、やり方は多様だと思う。私が思うには、一行の見出しが重要であり、一枚の画像が重要ではないか。なぜなら、ネット上で流通するのは見出しと画像だからだ。

私は自分のブログ上で強い見出しと一枚の画像で記事を書いて実験をしてきた。その結果やはり、考え抜いた一行とつくり込んだ画像は非常に多くの読者を引き付けると確認できた。だったらその表現形式を広告に応用できるはずだ。

見出しと画像による記事作成　　（図表８－②）

見出しと画像による記事作成

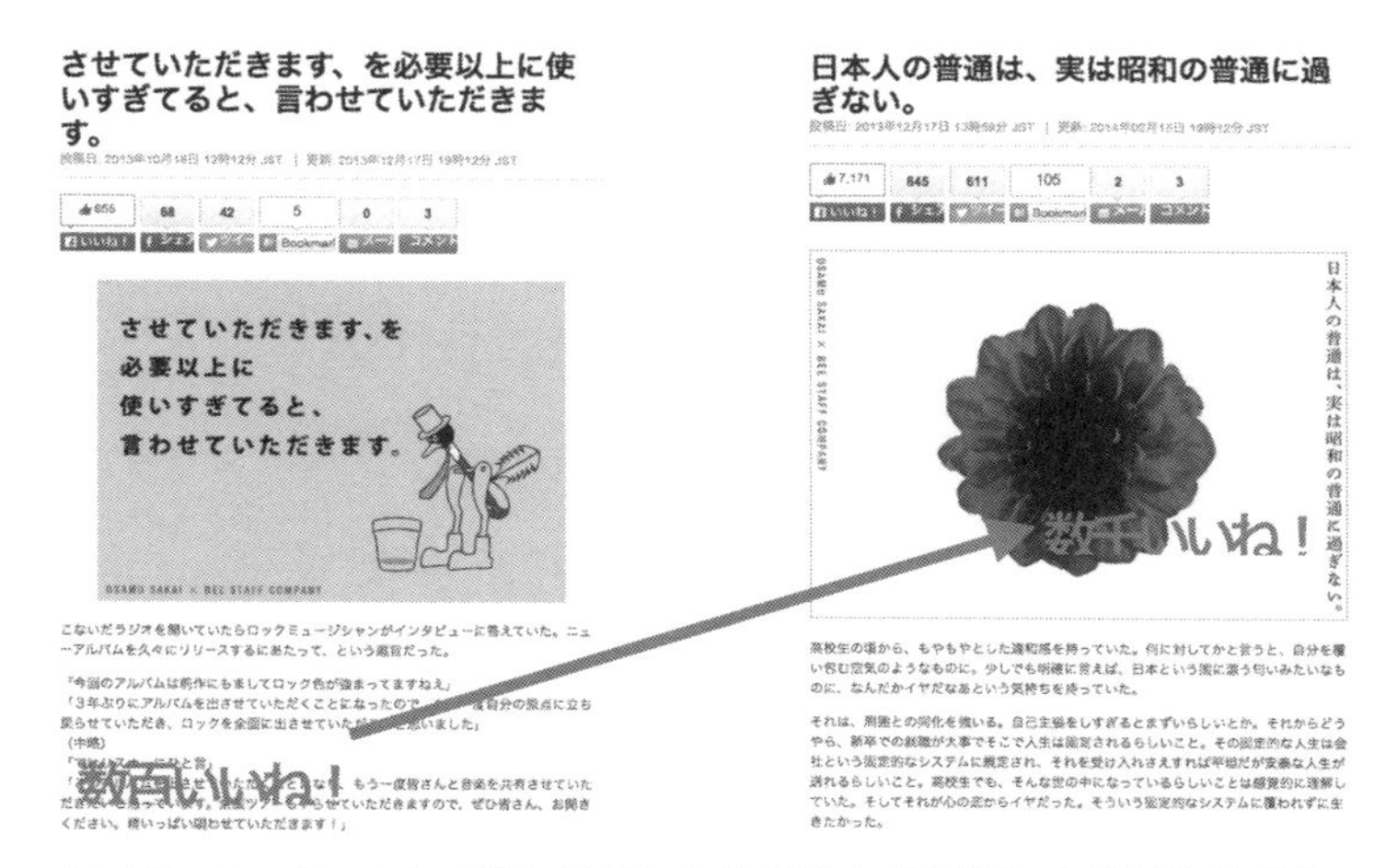

HuffingtonPost上で強い見出しと作り込んだ画像による記事作成を実験し、出すたびに多くの人に読まれるようになっていった

出典：ハフィントンポスト日本版より著者作成

こうした「広告をニュース化」したものを、提携したメディアに置けば、かなりの拡散力を持つはずだ。私のコミュニケーションマップで、自分のブログ記事がHuffingtonPostに転載されて大きく拡散されたように、企業が意図を持って制作した「ニュース化した広告」が、あらかじめ提携したメディアに掲載されれば大きなパワーを持つはずだ。

もちろん、ＰＲ表記などをきちんとしておく必要があるが、広告と記されたから読まれないとは私は思わない。これまでの広告も、明らかに広告だと認識されたうえで、読まれるものは読まれてきたのだ。広告は嫌われるから見られない、というのは誤解で、広告でも純粋な記事でも、面白ければ読まれるし面白くなければ読まれない。読者はつまらない広告は嫌いだが、面白い広告なら読むのだ。

さらにその「ニュース化した広告」に、映像を載せるともっと大きな訴求力を持つ。テキストと画像だけより、動画のほうがずっと大きく人の心を動かすことができる。入口となった見出しと画像が伝えるメッセージを動画化したものでなければならないのは当然だが。

シンジケーション組んで記事を配信　（図表８－③）

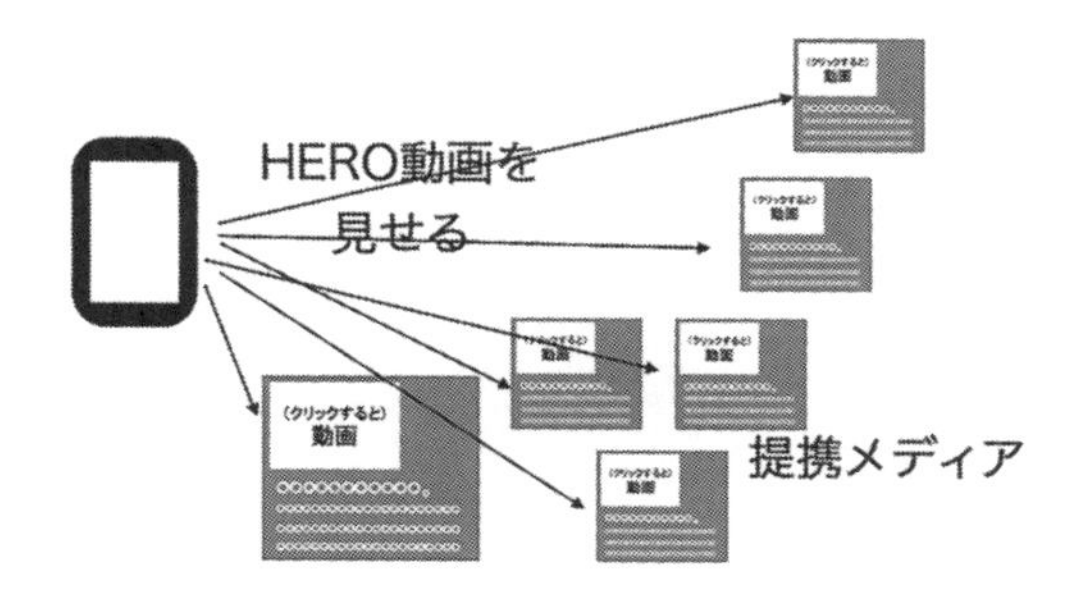

出典：著者作成

見出しという言葉、画像というビジュアル、そして動画。これはつまり、コピーライティングとアートディレクション、そしてムービー制作ということだ。なんのことはない、これまでの広告制作のスタッフィングでできることなのだ。そして私が言う「ニュース化した広告」とは、1990年代あたりまではかろうじて存在していた、新聞や雑誌でのシリーズ広告と非常に似ている。

たとえば糸井重里氏は西武百貨店の企業広告で「じぶん、新発見。」「不思議、大好き。」「おいしい生活」などのヒットコピーを生み出したが、これらはそれぞれシリーズになっていて、一つひとつの広告が読み応えと見応えのある〝コンテンツ〟だった。西武百貨店に限らず、1990年代まではそうした商品情報ではなくコンテンツと呼びうる広告が、新聞紙上などで展開されていた。

そのネット版のようなものだ。新聞広告は広告枠に掲載されながらも、読者を引き付けたり驚かせたり、扱う題材もタイムリーで新鮮な事柄を探し出していたものだ。同じ発想で、ネットでも間違いなく通用する。そしてそこでは、クオリティが大事になる。考え抜いた言葉と、つくり込んだビジュアルは強い効力を発揮する。もちろん、ネットのフレームに合わせたやり方をつかむ必要があるが。ポイントは、次のようなことだと思う。

●モーメント

どんなタイミングでそのコンテンツを届けるか。最適なタイミングが重要だ。またどんな文脈、流れでどんな相手がコンテンツに接するのか。計算するべきだ。

●エモーション

ネットだからこそ、心を動かすような要素が大事になる。情報の洪水の中で、共感や感動は瞬間的に人の気持ちを動かすはずだ。

●記号性

わかりやすいタイトル、瞬間的に意味が伝わるビジュアル、といった記号性が必要だ。一瞬心が動いても、すぐに忘れられかねない。

●クオリティ

ネットだから安っぽい画像や映像。それはもう過去の常識だと認識すべきだ。安っぽさは、もはやネガティブにしか働かないだろう。

Netflixが登場し、ネットを通じてドラマを見るプラットフォームでこれまでとはレベルの違う大きな予算でコンテンツを制作するようになり、これまでテレビや映画で活躍していたキャストやスタッフが出てきたように、ネットでのコンテンツ制作が変わっていくと私は考えている。これまでの制作者にも新たな機会が訪れるだろう。新しい舞台で活躍できるためにも、これからのメディアがどう変わるのかを、見つめておくべきだと思う。決して、旧来のノウハウがそのまま生かせますよ、と言っているわけではない。

定型も公式もない。だから、自分でつくるしかない

ここまで私が述べた、パーチェスファネルの応用も、ニュース化した広告も、考え方の一つであってすべてに当てはまる正解ではない。とにかく２０１６年現在はっきりして

いるのは、メディアは変化の真っ最中にあり、これまでの定型はほとんど通用しなくなっているということだ。

だから今は、正解を知っている人はどこにもいない。そう考えたほうがいい。「これからは〇〇マーケティングです！こうすればこうなります！」などといけしゃあしゃあと言ってくる人がいたら、逆に疑うべきだ。〇〇マーケティングを振りかざす人物に限って、ただの受け売りであり、非常に狭い範疇で一次的に通用する〝策〟を弄しているに過ぎない。コミュニケーションの全体像をわかってない人が多い。

コミュニケーションについて課題を持つ人は、自分でやってみるしかない。結論はそれでしかないと思う。だからこそ、自分で考えることが一番大切だ。あなたの課題を解決できるのは、あなただけだ。そういう産みの苦しみを乗り越えたところにだけ、答えが待っている。

マスメディアを中心とした企業コミュニケーションの定型も、高度成長期にマスメディアが登場して完成される中で、先人たちが海外に学んだりしながら自らつくりあげてきたものだ。今後のコミュニケーションも、たくさんの〝あなた〟が日々悩んで影響しあいながら徐々に完成に近づくものなのだろう。

ここで私が述べたことが、一人ひとりの〝あなた〟の試行錯誤の資料として役に立てていただければ幸いだ。

※13
谷口マサトはライブドアニュース上でコンテンツ型の広告を展開するクリエイター。「大阪の虎ガラのオバチャンと227分デートしてみた！」などが代表作。宣伝会議から『広告なのにシェアされるコンテンツマーケティング入門』を出版している。

おわりに

テレビという不可思議な存在

序章に「テレビという言葉の意味が広がっている」と書いた。

ふと気付いたのだが、そもそもこの「テレビ」という言葉は不可思議でいい加減なものだ。どう考えても英語の「Television」からきている。Newspaperは新聞紙と訳され、Magazineは雑誌となった。それらが立派な日本語をつくってもらえたのに比べて、「テレビジョン」から「ジョン」だけ取った、いかにもテキトーな成り立ちの日本語だ。

テキトーながら独自の日本語として定着したように、日本人にとって「テレビ」は独特の文化として生活になじんだ。ネットワークが五つもあって広告費で運営されながら華やかな番組を放送し続け、公共放送も二つのチャンネルで放送されている。そんな国はほかにないらしい。

テレビは明らかに、戦後日本の高度経済成長と一体となって発展してきた。農村から都市部に人々が移動して核家族を形成し、夫は定時で会社に通勤し、妻は家事に従事し子育てを主に受け持つ。そういう定型的な生活様式の重要な情報伝達システムであり、娯楽も送り届けてきたのがテレビだ。都市市民となった核家族は、テレビを楽しみながら広告に接触し、消費意欲を高めて豊かさをふくらませてきた。

核家族の子どもとして1960年代に生まれた私も、テレビから世界を吸収し、続々登場する新しい文化、特撮ヒーローものや、プロ野球、コント、漫才、ホームドラマ、恋愛ドラマ、バラエティ番組を受け止めていった。映画だって入口はテレビ。演劇もオーケストラも、最初に見たのはテレビだった。私が知るほとんどのことは、テレビから最初に得たといっても過言ではないだろう。そして1960年代生まれの私たちが目にした様々なテレビ番組の類型が今も放送されている。ウルトラマンと仮面ライダーが今の子どもたちにも愛されているのはその象徴だ。

テレビについて語ると私の世代はどうしてもそこに情緒的な感情を込めてしまう。自分という存在の成り立ちとテレビが密接に結びついているからだ。日本でのテレビの強さとは、そうしたことにあるのだろう。人々の精神と非常に強く結びついたシステムなのだ。

そこにはまた、テレビの未来への弱みがあるとも思う。私たちが思い入れたほどに今の子どもたちはテレビを語りはしない。ただ映像が映る機械でしょ？　そんなものだし、定義としてはそっちのほうが正しい。むしろ私たちはなぜこの〝映像が映る機械〟にここまで思い入れてしまうのか。考えてみると馬鹿みたいだ。

だが、そんなただの機械、とテレビを捉えることに「本当のテレビの未来」があるのではないか。この本にまとめた新しい動きを振り返るとそう思う。余計な思い入れをテレビから払い落とした時、そしてそれがスマートフォンと連携したりネットとつながったりした時、まだ見たことのない映像コンテンツの面白さや可能性が切り拓かれるのだろうと思う。そこにはまた新たな文化が生まれ、その文化が人々の人生に寄り添っていくのかもしれない。

2011年に『テレビは生き残れるのか』と題した本を出した。それから今日までの間に、映像文化を取り巻く状況は大きく変わり始めた。執筆当時に〝こうなる〟と予測したことは、予測を超えてあらかた起きてしまった気がする。

前著の発行後、新たに見聞きしたこと、出会った様々な人々から得た知識と発想で、この本はできている。だから、私が本としてまとめたものの、書いたのは私が接してきた何百人何千人もの人々だと言える。何人かはお名前を文章の中で使わせていただいたが、その向こうにはさらに多くの人々がいる。それぞれが映像メディアやコンテンツについて、汗をかいてきた。だからこの本は、その結果が凝縮されているのだと思う。今後、長く使える「映像メディアを考えるうえでの参考書」になるよう、まとめたつもりだ。実際にそうなることを願う。

書籍にまとめるにあたり、資料や図などをご提供いただいたみなさまに、ここであらためて感謝したい。ありがとうございました。

そして宣伝会議のみなさん、書籍化の提案を受け止めてバックアップしてくれた谷口優編集長、AdverTimesで私の連載を担当してくれている陰山祐一さん、編集を担当し丁寧な仕事で立派な書籍にまとめてくれた佐藤匠さん、お三方のおかげで本を世に出すことができたことに謝意を表明しておきたい。

それから私の妻と二人の子どもたち。ここで考えたことは、家族のメディア接触を秘かに観察したことが重要な材料になっている。いや、そんなことではなく、夫として父としては今一つな私が、メディアに関する二冊目の本を出せたのは、君たち家族がいてくれたおかげだ。ありがとう。

境治

2016年6月21日

境 治（さかい おさむ）

コピーライター/メディアコンサルタント
1962年福岡県福岡市生まれ。東京大学卒業。87年広告代理店アイアンドエスに入社しコピーライターに。その後、フリーランスとして活動したあと2006年、映像制作会社ロボットで経営企画室長、2011年、広告代理店のビデオプロモーションでコミュニケーションデザイン室長を経験。2013年から再びフリーランスになりメディアコンサルタントとして活動。各種メディアや個人ブログでメディア論を展開し、講演活動などで業界の変革を呼びかけている。勉強会「ソーシャルテレビ推進会議」を運営しながら、有料WEBマガジン『テレビとネットの横断業界誌MediaBorder』を発行し、情報と人脈の交流に努めている。
http://mediaborder.publishers.fm/

宣伝会議 の書籍

【実践と応用シリーズ】
CMを科学する
「視聴質」で知るCMの本当の効果とデジタルの組み合わせ方
横山隆治 著

本書では、あいまいだったテレビCMの効果効能を科学的に分析し、真のデジタルマーケティングに必要なデータと共に動画コンテンツのありかた、将来的なテレビCMのあり方について論じる、マーケティング関係者必読の書。

■本体1500円+税　ISBN 978-4-88335-364-4

【実践と応用シリーズ】
生活者視点で変わる小売業の未来
希望が買う気を呼び起こす 商圏マネジメントの重要性
上田隆穂 著

ネット販売や新しい決済方法、商品の受け取り方、オムニチャネルなど様々な革新が至るところで起きている。そんな流通小売業の大きな変化を「生活者の視点」で見直すとどうなるのか。小売りの実証実験の結果をもとに新しい小売業のあり方をまとめた書籍。

■本体1500円+税　ISBN 978-4-88335-367-5

【実践と応用シリーズ】
拡張するテレビ
広告と動画とコンテンツビジネスの未来
境 治 著

フジテレビの凋落やCM不振など、ネガティブな話題ばかりがとりあげられがちなテレビの周辺ビジネスの状況をイチから整理し、根本から考え直した末に見えてきた、新しい時代の広告、動画、コンテンツビジネスのあり方を提示する書籍。

■本体1500円+税　ISBN 978-4-88335-366-8

【実践と応用シリーズ】
サスティナブル・カンパニー
「ずーっと」栄える会社の事業構想
水尾順一 著

サスティナビリティの考え方は、企業が本当に社会の役に立つ存在になるための「事業構想」を考える上でも大きなヒントになる。大手企業が不祥事を起こしている今、世の中に信頼されるビジネスをどう生み出すのかをまとめた書籍。

■本体1500円+税　ISBN 978-4-88335-368-2

詳しい内容についてはホームページをご覧ください　www.sendenkaigi.com

【実践と応用シリーズ】

拡張するテレビ

広告と動画とコンテンツビジネスの未来

発行日	2016年　8月1日　初版
著者	境 治
発行者	東 英弥
発行所	株式会社宣伝会議
	〒107-8550　東京都港区南青山3-11-13
	tel.03-3475-3010(代表)
	http://www.sendenkaigi.com/
印刷・製本	中央精版印刷株式会社
装丁デザイン	SOUP DESIGN

ISBN 978-4- 88335-366-8　C2063